JN154881

世界中で優秀なマイクロアルジェを探す

①ハワイ。
②沖縄県糸満市大渡海岸。
③愛知県蒲郡市三河湾。
④岐阜県山県市伊自良湖。

①

②

③

④

高塩分の湖でデュナリエラを採取

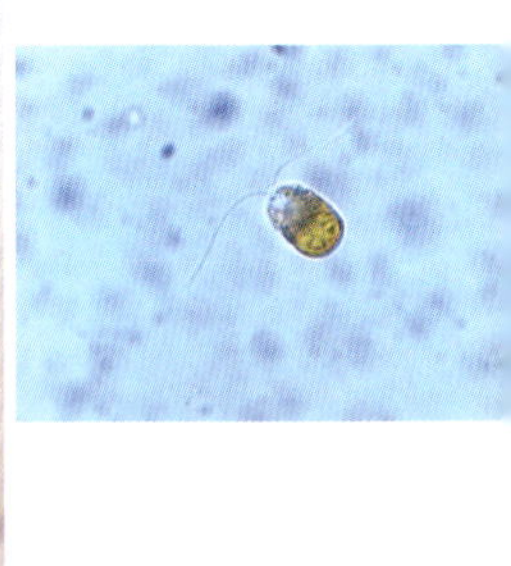

デュナリエラ
①② アメリカ合衆国
グレートソルトレイク。
③トルコ アナトリア
地方トゥズ湖。

標高 3,500 mの高地で採れる葛仙米（クシュロ）

南米ペルーやボリビアなどの高地に棲息する葛仙米（かっせんべい，クシュロ，ユユチャ）。
①ペルー，②中国 湖北省。
③葛仙米顕微鏡写真。
④天然もの，⑤栽培もの。

①

②

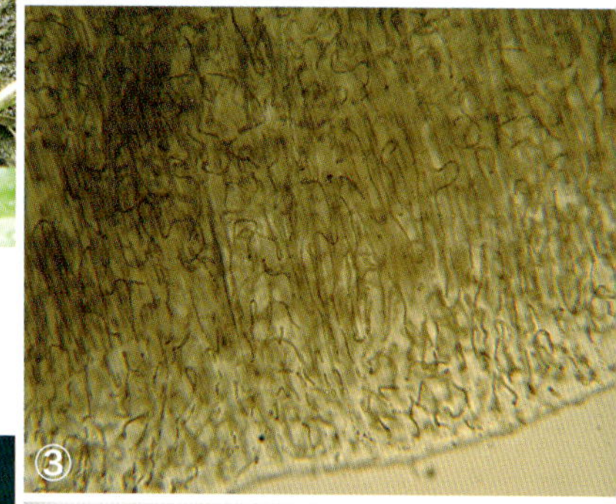
③

④

⑤

アシツキ（かわたけ）を求めて

①②富山県南砺市利賀川。
③～⑦川岸・水中で生育するアシツキ。

身近なところで見つかるイシクラゲ

①②イシクラゲは庭先や野原，道ばた，コンクリート面など，さまざまな場所に生える。

③乾燥するとパリパリの黒いかさぶたのようになり，そのまま100年以上も生命を維持するという報告がある。

④イシクラゲ顕微鏡写真。ネンジュモの仲間であることがよくわかる。

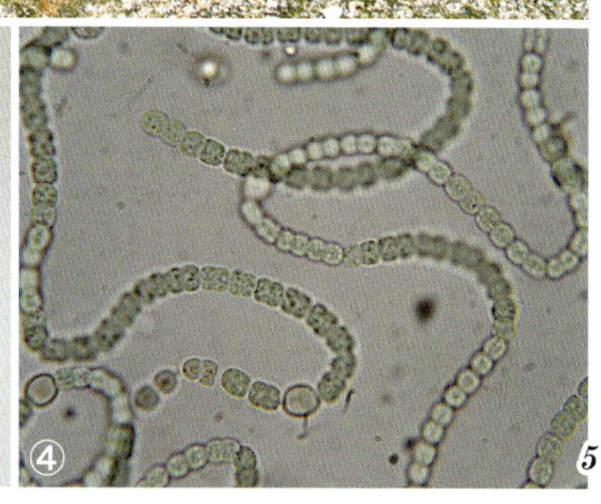

生育地は沙漠の髪菜と黄金川だけのスイゼンジノリ

これが乾燥地に生育する髪菜。名前のとおり髪の毛のような姿をしている。（中国ゴビ沙漠）

スイゼンジノリが栽培されている黄金川。品質保持のため日よけを張っている。（福岡県朝倉市）

◀▼スイゼンジノリ。

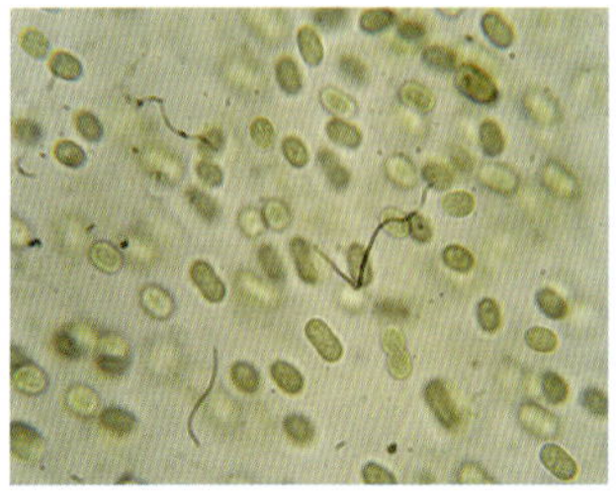

スイゼンジノリからはすぐれた保湿・抗炎症成分の「サクラン」が見つかっている。

日本でも発見されたノプトコプシス

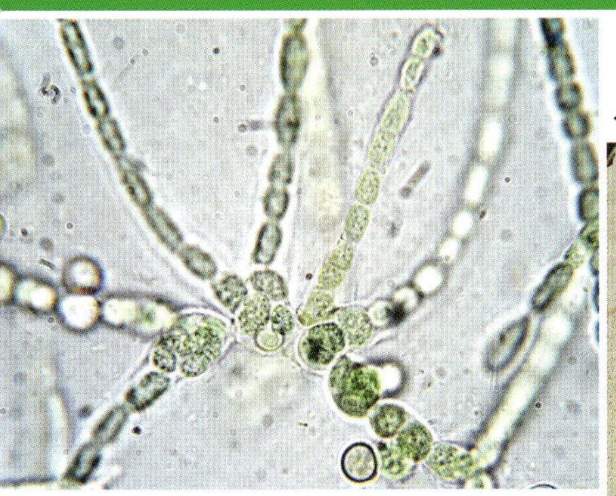

◀ノストコプシス顕微鏡写真。

▲川石の表面に付着しているノストコプシス。

◀▼タイの北部から中央部に流れるナン川でノストコプシスを探す。（タイ　ナン県）

▼培養したノストコプシス。

24 億年前の太古から未来の地球への架け橋

▶

オーストラリア，シャーク湾のストロマライト。24 億年前から酸素を作り続けている。

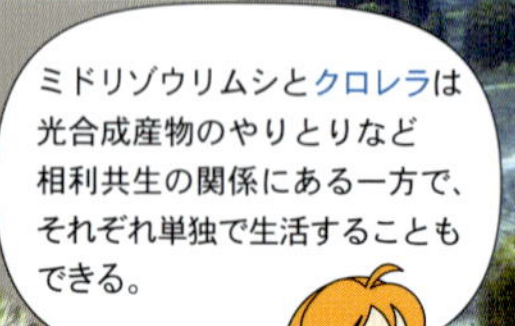

◀

ミドリゾウリムシ
細胞内に緑色植物のクロレラが共生している。二次共生によって生物が進化する前段階かもしれない。
（写真提供：神戸大学洲崎敏伸准教授）

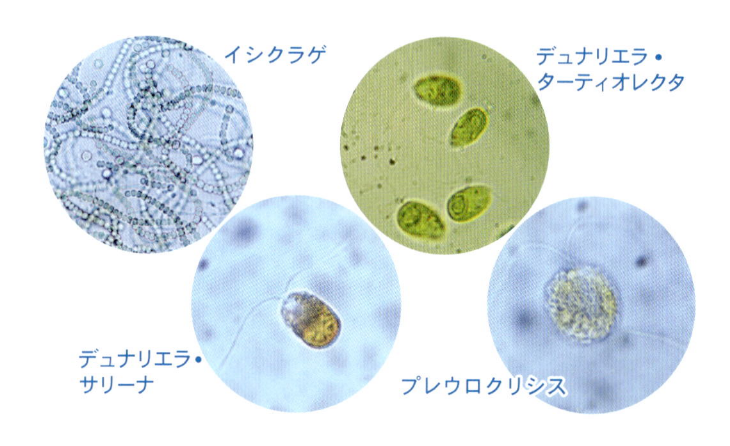

ロケットで宇宙へ行き，帰還したマイクロアルジェは宇宙で暮らす時代の主役になる。

マイクロアルジェを育てる

▲創業時，500 リットルのポリタンクを並べてデュナリエラを栽培していた。手前は現在も稼働しているレースウェイ型栽培池（10m^2)。（沖縄県宮古島市「宮古培養農場」）

▲現在の宮古培養農場と詩人・坂村真民の碑。

◀▼イシクラゲ栽培場。石の上にイシクラゲの種を撒き，山から引いた水をスプリンクラーで散布している（台湾 台南市）。

イシクラゲからは強い抗酸化作用をもつノストシオノンと還元型スキトネミンがみつかっている。

◀デュナリエラ・ターティオレクタ（▼）を栽培しているレースウェイ型栽培池（65m^{2}で水深15cm程度）。雨や風の影響を防ぐためにハウス内に設置。（沖縄県宮古島市「宮古培養農場」）

◀デュナリエラ・サリーナを屋外栽培しているレースウェイ型栽培池（300m^{2}で水深15cm程度）。（沖縄県宮古島市「宮古培養農場」）。

◀▲デュナリエラ・サリーナ
左はβ-カロテンを多量に含んでいる。上はβ-カロテンをまだ作っていないので緑色をしている。

▼プレウロクリシスの電子顕微鏡写真。

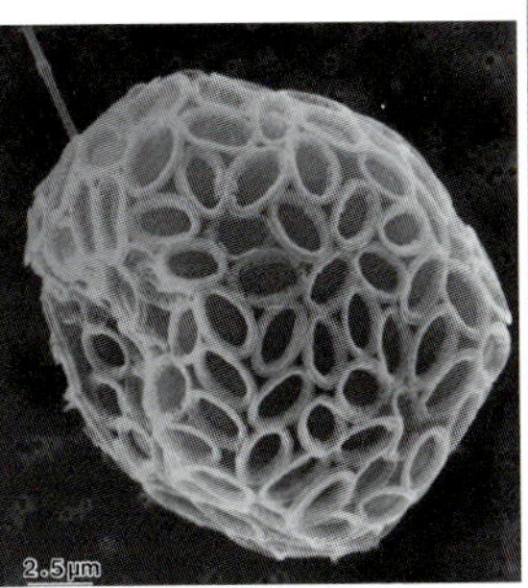

▲プレウロクリシスを屋外栽培しているレースウェイ型栽培池（300m^2 で水深 15cm 程度）。
水温が高くなり過ぎない冬季のみ。

◀ハウス内のレースウェイ型栽培池（65m^2 で水深 15cm 程度）。

（沖縄県宮古島市「宮古培養農場」）。

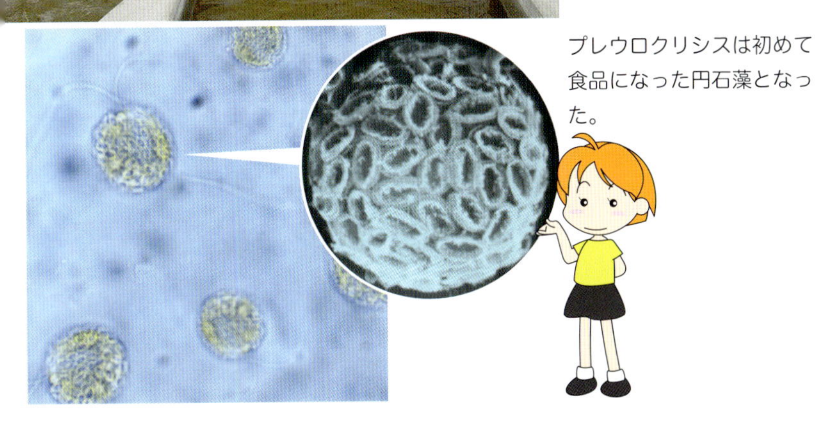

プレウロクリシスは初めて食品になった円石藻となった。

◀ヘマトコッカスはアスタキサンチンを作る前は緑色をしている。

▼アスタキサンチンを作り赤色になったヘマトコッカス。

▲ヘマトコッカスを栽培しているチューブラー型フォトバイオリアクター。水温上昇を防ぐためにチューブ周りに水を滴下している（チューブの内径は約15cm）。（中国四川省）

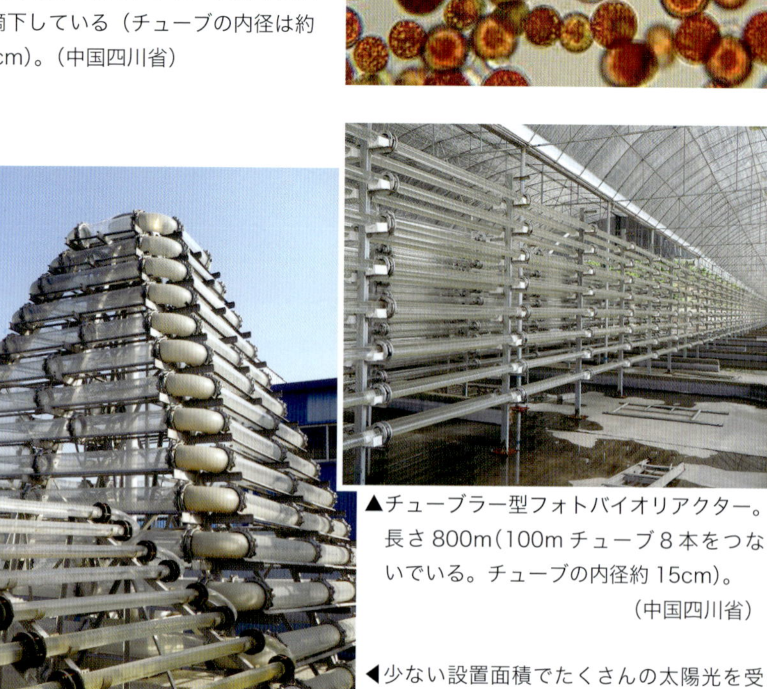

▲チューブラー型フォトバイオリアクター。長さ800m（100mチューブ8本をつないでいる。チューブの内径約15cm）。（中国四川省）

◀少ない設置面積でたくさんの太陽光を受けられるピラミッド型。（中国山東省）

ノストコプシスはタイで美容食として人気がある。

▲ノストコプシスを栽培しているレースウェイ型栽培池（75m^2 で水深 15cm 程度）。ハウス内に設置。
（沖縄県宮古島市「宮古培養農場」）

▼スピルリナ（アルスロスピラ）を栽培しているレースウェイ型栽培池（10m^2 で水深 15cm 程度）。
ハウス内に設置。
（沖縄県宮古島市「宮古培養農場」）

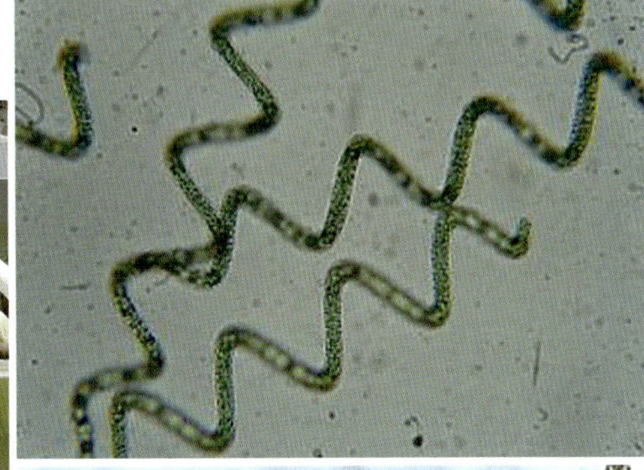

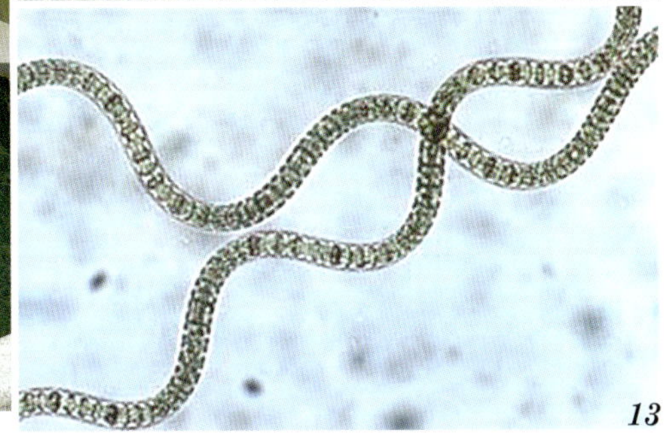

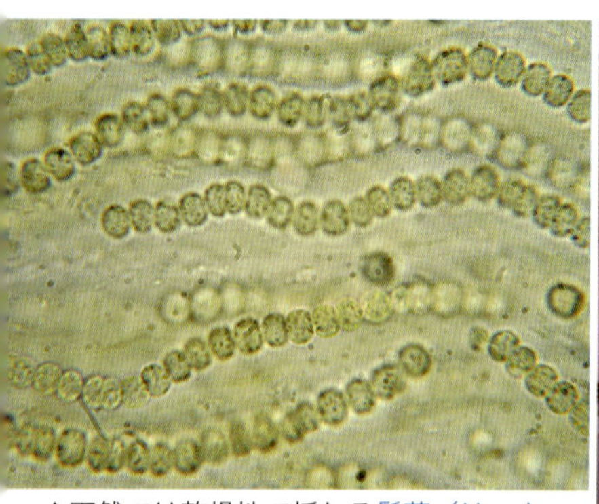

▲天然では乾燥地で採れる髪菜（はっさい，ファーツァイ）を屋内で水中栽培。

200リットルのフォトバイオリアクター。LED照明を使用。▶

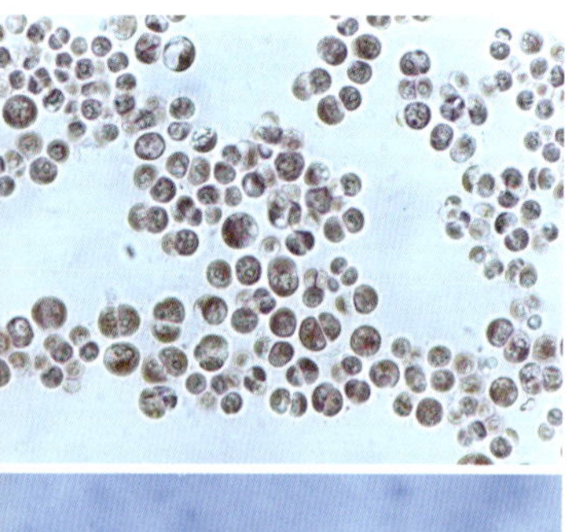

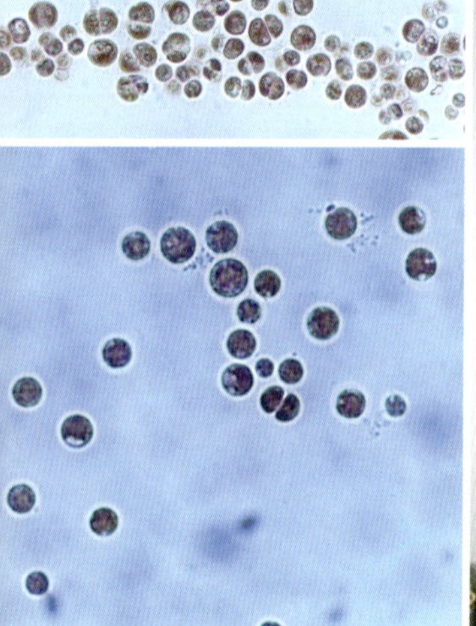

◀チノリモ（上：ロドソルス，下：ポルフィリディウム）を培養している200リットルのフォトバイオリアクター。▼

▶

クロレラを栽培している円型栽培池。一番大きいものは直径 50m。(台湾台中市)
これと同様の円型栽培池が沖縄県石垣市にあり，クロレラの他に近年ユーグレナの栽培が行われている。

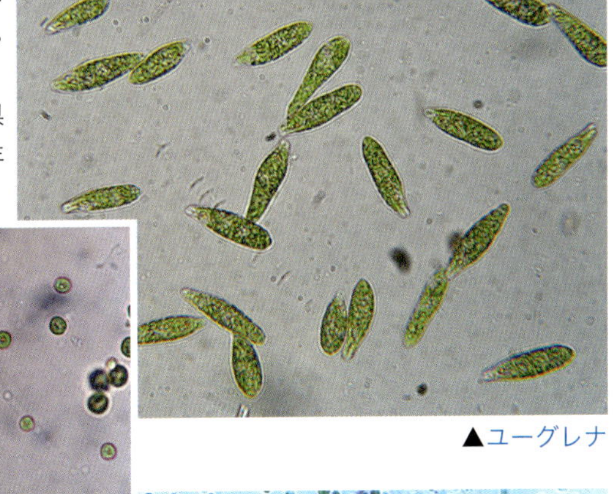

▲ユーグレナ

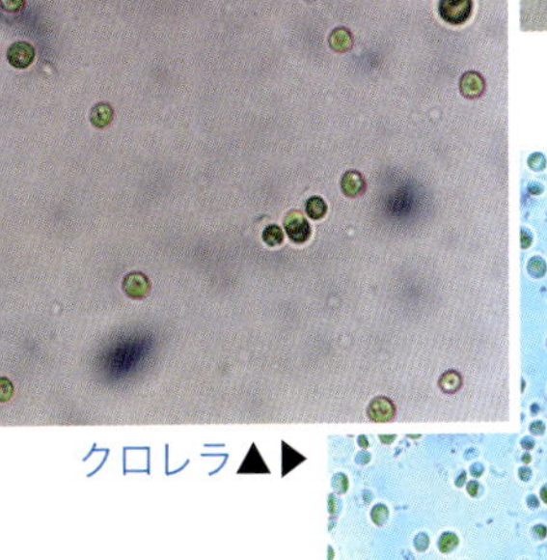

クロレラ▲▶

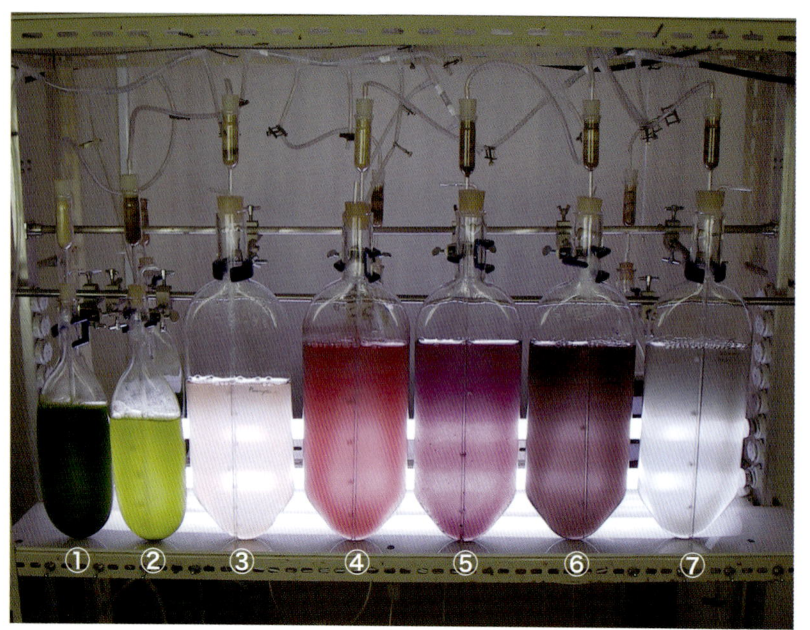

▲フラスコ培養。品質を維持するために無菌状態で，二酸化炭素を供給している。
左から①スピルリナ（アルスロスピラ），②クロレラ，③④ポルフィリディウム，
⑤⑥ロドソルス，⑦プレウロクリシス。

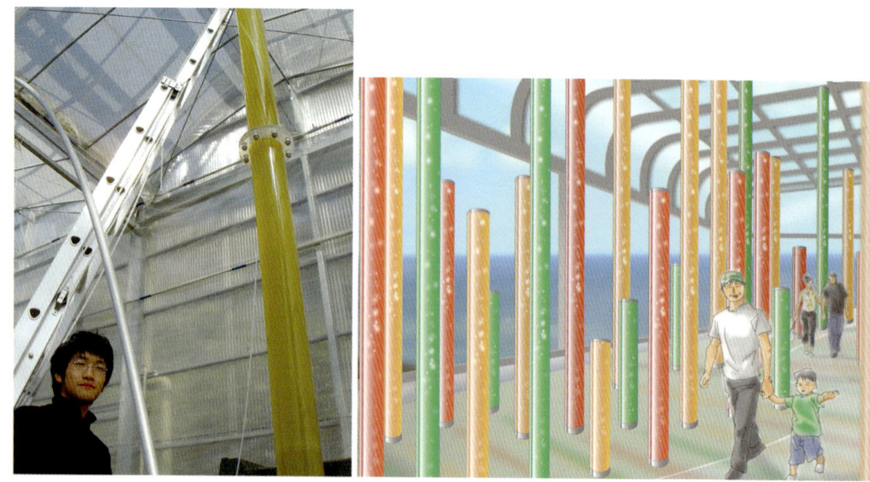

▲デュナリエラ・タワー（高さ 4m，内径 20cm）。これを応用した「アルジェの森」▲
を構想している。

ミドリムシの仲間が
つくる
地球環境と健康

シアノバクテリア・緑藻・ユーグレナ
たちのパワー

竹中裕行 著

成山堂書店

はじめに
ーマイクロアルジェは21世紀の宝

マイクロアルジェとはなにか

「マイクロアルジェ」とは，“マイクロ”（micro：微細な・極小な）と“アルジェ”（algae：藻類）を合わせた英語で，日本語では「微細藻類」となります。またマイクロの反対語のマクロ（macro：大きい・巨大）なアルジェもあります。私たちがよく食べているコンブ，ワカメ，ノリなどはマクロアルジェ（大型藻類）といいます。

ここ数年，マイクロアルジェではユーグレナ（ミドリムシ）がブームとなって，名前が広く知られるようになりました。しかし，名前は知っていても，それがどんな生物なのかをほとんどの方はご存知ないようです。

ユーグレナ以外のマイクロアルジェの研究・開発もこの10数年の間，急速に進んでいます。ユーグレナの健康食品としての利用が急に広まり，またバイオ燃料原料としての計画がメディアで報じられるようになるとともに「マイクロアルジェ」という言葉も知られるようになりました。

「藻類」とは，酸素を発生する光合成を行うすべての真核生物の中から，陸上の大型植物（種子植物，シダ植物，コケ植物）を除いた残りのすべての生物を指します。そして，藻類の中の単細胞生物を基本的にマイクロアルジェとしています。

酸素発生型光合成を最初に発明した生物は真正細菌の「シアノバクテリア（藍色細菌）」で，以前は「藍藻」とも呼ばれていましたが，遺伝子解析による分類学の急速な発展によって12頁の図のように，大分類（ドメイン）が異なることが分かりました。しかし，本書では「酸素を発生する光合成を行う単細胞生物」ということで，シアノバクテリアもマイクロアルジェの仲間としました。

地球上のどこにでもいる

マイクロアルジェと一言で片づけてしまいがちですが，実に多くの種類があります。現在までに，世界中で数万種が記載されており，実際には30万種以上あるのではないかと言われています。濃い緑色に輝いているものや血のように真っ赤な色をしているもの，鮮やかな黄色や落ち着いた藍色をしているものもあります。

種によって性質や姿形や生き方もいろいろです。鞭のような鞭毛をもって水中を自由に動き回ることができるものがいれば，水中をただ流され漂うものもいます。他の生き物の表面にくっついて生きているものもあれば，他の生物の中にまで入り込んで仲良く共生しているものもあります。

生きている環境も様々です。およそ生き物が生活できる環境であれば，ほとんどどこにでもマイクロアルジェを見つけることができます。分布域は海や湖，沼や川などの水中やどちらかといえば水分の多いところに集中していますが，中には80℃

を超える高温の温泉水の中や，一年中ほとんど雨の降らない沙漠地帯，また極寒の氷雪の上で生育するものさえあります。

生命の星をつくり，未来をつくる

24億年前から今日にいたるまで，マイクロアルジェは太陽のエネルギーを吸収し，光合成を行って酸素を供給し続けています。現在の地球では，生物による二酸化炭素の固定量は年間1,000億トン以上ですが，その約50%を海洋のマイクロアルジェが担っているといわれます。また，食物連鎖の主要な基盤となっているのも，海に漂う植物プランクトン，すなわちマイクロアルジェです。二酸化炭素が大気の大部分を占めていた地球を，生命があふれる美しい星につくりあげたのは微小なマイクロアルジェでした。

2003年に『生命の源マイクロアルジェ』という本を出版して「マイクロアルジェ」について述べました。それから14年が経過しましたが，現在では多くの研究者がマイクロアルジェの24億年の営みに注目し，医学・薬学・理学・工学・農学と，それぞれのテーマに沿った様々な分野で日夜研究に取り組んでいます。

特に期待されているのが，人間の健康，地球環境の保護・保全，資源問題の解決など，21世紀において最も重要と考えられている課題に対してのマイクロアルジェの働きです。

化石燃料に依存した20世紀の文明は人間社会を大いに発展させました。しかし，その一方で，環境破壊など「負の遺産」を残しました。21世紀は，これ以上地球環境を悪化させてはいけません。化石燃料によって発展した「石油科学文明」に対して，私たちは 21 世紀を太陽エネルギーによる「植物科学文明」と考え，その構築を提唱してきました。そして，その最も有力な植物がマイクロアルジェだと考えています。

マイクロアルジェは 21 世紀の宝なのです。

本書では，マイクロアルジェの可能性について，あえて専門的なデータに深入りせず，広く断片的に説明するように心がけました。その情報源はすべて科学専門誌に発表された学術的な研究内容ばかりです。マイクロアルジェの 24 億年の営みを知っていただくことが，この 21 世紀において，私たち人間がどのように生きてゆくのかを考えるヒントになるのではないかと思っています。

さらに，中高生の皆さんにもぜひ読んでいただきたいと思い，内容を理解しやすいようにイラストを多く掲載しました。本書を通して，自然科学への興味をもってくだされば，そして，将来科学者になろうと思ってくださる人が一人でもできればうれしく思います。

2017 年 7 月

マイクロアルジェコーポレーション株式会社
代表取締役社長　竹 中 裕 行

マイクロアルジェは 21 世紀の宝

目　　次

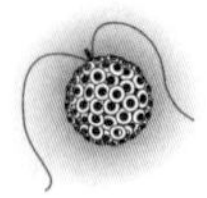

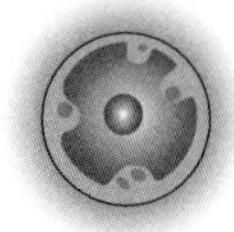

II マイクロアルジェのいろいろな利用法

IV　宇宙と植物科学文明の未来へ

本書に登場する主なマイクロアルジェ

名称	分類	有用成分／用途
イシクラゲ 髪菜	シアノバクテリア ネンジュモ （ノストック）属	多糖類／ サプリメント
スピルリナ	シアノバクテリア ユレモ目 アルスロスピラ属	高タンパク質／ サプリメント
ポルフィリディウム （チノリモ）	真核生物 紅色植物門 チノリモ綱	多糖類／ 化粧品
クロレラ	真核生物 緑色植物門 クロレラ属	CGF／ サプリメント
デュナリエラ	緑色植物門 緑藻綱 デュナリエラ属	天然β-カロテン ／サプリメント
ヘマトコッカス	緑色植物門 緑藻綱 ヘマトコッカス属	アスタキサンチン ／サプリメント
ユーグレナ	ユーグレノゾア ユーグレナ科 ミドリムシ属	パラミロン／ サプリメント， バイオ燃料
円石藻	ハプト植物門 イソクリシス目／ 円石藻目	ココリス（炭酸カルシウム）／ サプリメント
珪藻類	SAR 不等毛植物門 珪藻綱	シリカ／土壁， ダイナマイト， レンガ

その藻が
酸素を作り出し
地球の根源と
なりました
人間にとっての
根源は母です
産んでくれた
母です
一心に称名しましょう

（詩国第四八六号）

詩

根源

坂村真民

何が一番大事か
それは根源を知ることです
どんな苦しい時でも
根源を知り
生きてゆくことです
母なる地球の根源は
海の中の
小さな藻でした

ミドリムシの仲間がつくる地球環境と健康

シアノバクテリア・緑藻・ユーグレナ
たちのパワー

1．プロローグ
生命の星「地球」の誕生

ほとんどの生物に欠かせない「酸素」，人類の文明を支えている「鉄」，太陽からの有害な紫外線から守ってくれる「オゾン層」。これらはシアノバクテリアの光合成によってもたらされたのです。

＊ ＊ ＊

地球─宇宙でこれほど生物が多く存在する星はほかにみつかっていません。地球には100万種を超える生物が知られていますが，まだ発見されていないものが多く，推定では870万種にもおよぶとされています。では，なぜ地球だけが生物に適した環境をもっているのでしょうか？

それは，地球には液体の水が存在しているからなのです。お隣の惑星で地球の外側を公転している火星では水は氷冠となっていますし，内側の金星は大気の温度が400度を超えるため水がほとんどありません。

火星や金星の大気組成が地球と大きく違う点はCO_2（二酸化炭素）濃度です。火星が95％，金星は97％もあります。一方，地球の濃度は0.04％と非常に少なく，しかも私たちが生きてゆくのに必要な酸素が21％もあります。こういった環境は太陽系の惑星では地球だけなのです。

❏ 生物の誕生

46 億年前に誕生したばかりの地球は，ドロドロの溶岩（マグマ）の海に覆われた灼熱の惑星でした。徐々に温度が下がっていき，やがて大気中の水蒸気が雨となって大地にとてつもない豪雨となって激しく降り注ぐようになりました。

そして 40 億年前には原始の海が形成されました。海といっても，海底火山が爆発を繰り返す荒れ狂った海でした。大気は二酸化炭素に満ち溢れ，火星や金星と同じように二酸化炭素濃度は 90 数％ありました。

当時の海は大きく波打ち，まるで実験室で使われるフラスコの中のように攪拌（かくはん）され続けました。猛烈な嵐も頻繁に起こって，すさまじい雷鳴が響き，海の底では海底火山が熱水を噴出し続

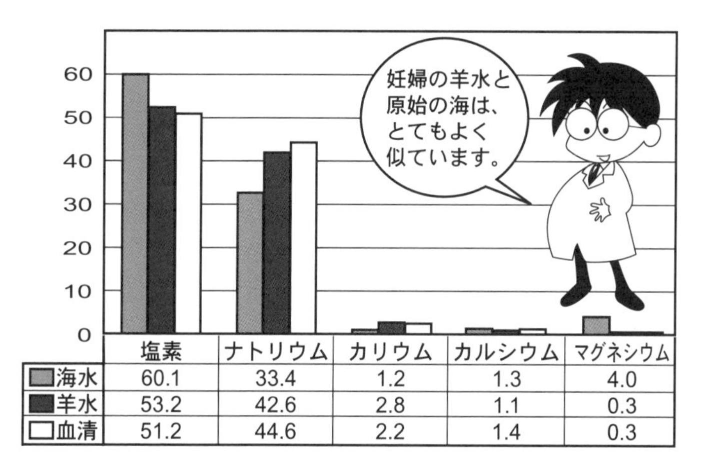

	塩素	ナトリウム	カリウム	カルシウム	マグネシウム
海水	60.1	33.4	1.2	1.3	4.0
羊水	53.2	42.6	2.8	1.1	0.3
血清	51.2	44.6	2.2	1.4	0.3

海水と羊水・血清に含まれるミネラルの重量比 (%)
（ジャック・ド・ラングレ『自然海塩の超健康パワー』（徳間書店）より作成）

けていました。そのような中で，海水と大気に含まれていた炭素や窒素，水素などの元素が化学反応を起こし，「生命の素」ともいえるアミノ酸が生まれたと考えられています。

海に誕生したアミノ酸が結びついてタンパク質が作られ，やがて生物へと進化してゆきました[1]。38億年前の岩石に見つかった炭素の層が生物に由来するものと思われています。また35億年前の地層から細菌類の化石が見つかっています。

私たち人類もこうして生まれた生物の進化の延長線上に誕生したのです。赤ちゃんはお母さんのおなかの中で，羊水に守られて十月十日（とつきとおか）の間育まれて誕生します。この羊水の成分は原始の海の組成にきわめて近く，私たちが海から誕生した痕跡と言われています。

❏ 酸素は24億年前につくられはじめた

地球初の生物は，化学的な反応によって作られたわずかなアミノ酸や糖などの有機物に依存してエネルギーを得ていました。しかし，この有機物はすぐに枯渇してしまい，その代わりに光エネルギーを利用して二酸化炭素から有機物を作る生命へと進化しました。これが「光合成細菌」というものです。ところが，この光合成細菌は硫化水素と二酸化炭素を使って有機物を作るため，酸素は発生しませんでした。

では，酸素はいつ頃から生産されたのでしょうか？ 現在の研究では，約24億年前と考えられています。

1　生命誕生にはこれ以外にもいろいろな説があります。

35 億年ほど前に真正細菌のシアノバクテリアが誕生しました。細胞の核に膜がある真核生物と異なり，シアノバクテリアは核膜を持たない原核生物の一つでもあります。シアノバクテリアには，酸素を発生しない光合成を行う種と，水と二酸化炭素を利用して酸素を発生する光合成を行う種がいます。

1992 年，カリフォルニア大学の研究グループが，35 億年前の地層からシアノバクテリアの化石を発見して世界的に有名な科学誌「サイエンス」で発表し，世界中のいろいろな本に紹介されました。この発見で酸素が大気中に放出されはじめたのは 35 億年前とされましたが，1995 年にこのシアノバクテリアは酸素をつくらない種であることが明らかとなったのです。

その 4 年後の 1999 年にも 27 億年前に酸素発生型のシアノ

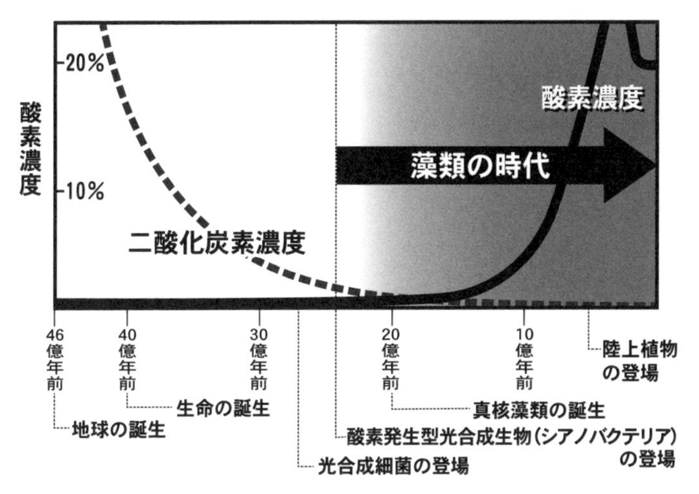

地球大気と酸素発生型光合成生物の歴史

バクテリアが誕生したと発表されましたが，こちらも2008年に否定されました。現在では2007年に発表された24億年前の誕生説が支持されています。

酸素を発生する光合成はエネルギーを得る効率が非常に優れていることから，このタイプのシアノバクテリアが爆発的に繁栄し，「ストロマトライト」を形成して地球に大量の酸素を供給してゆきました。ストロマトライトは，シアノバクテリアが集まり，その間に海水中の石や砂など細かい沈殿物が堆積してできた生物岩の群体をいいます。現在でも西オーストラリアには24億年前の海が残されています。場所は，パースとピルバラ地方のほぼ中間にあるシャーク湾の最奥部ハメリンプールです。この浅い内海の海底には，ストロマトライトの群体が見られ，その岩の表面からは無数の酸素の泡が放出されているのです。世界遺産に登録されています。

❑ 鉄はシアノバクテリアからの贈り物

シアノバクテリアは，21億年前の化石と現在生育しているものとで形態がほとんど変わっていないことから「超緩進化生物」といわれています。気の遠くなるような時間のなか，変動する多様な環境に適合して，何億年もの間それ以上ほとんど進化する必要はなかったのですから，シアノバクテリアは「完成された生物」に限りなく近いといえるのではないでしょうか。

このような超緩進化のシアノバクテリアが原始の海に出現したことにより，地球環境は大きな変化を見せることとなりました。また，20億年ほど前にシアノバクテリアを細胞内に取り

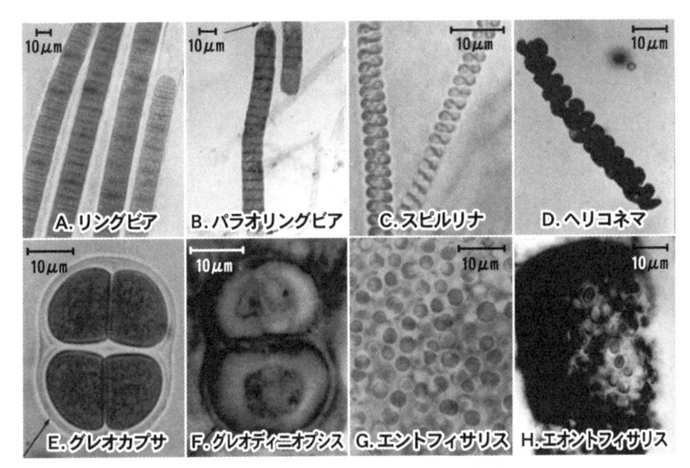

現代のマイクロアルジェA，C，E，Gは，太古のB，D，F，H（8億5千万～21億5千万円前）と比べてもほとんど姿が変わっていません。（写真提供：カリフォルニア大学教授 J.W.Schopf）

――鉄資源はこうしてつくられた――

一説によれば，現在の大気中と海水中に存在する酸素の量は，地球の歴史を通じて産出された全酸素量のわずか5％に過ぎず，残り95％は鉄や硫黄など海水中の鉱物イオンの酸化に使われたとされています。

太古の深海ではもう一つの鉄イオンの固定化が起こっていました。太陽光が届かない深海では，硫酸還元バクテリアが硫酸イオンを還元してエネルギーを作っていました。その副産物である硫化水素が鉄イオンと反応して硫化鉄となり海底に沈みました。レジャーで河原に行くと，砂の中に金色に光る粒を見つけることがありますが，それが硫化鉄の一つ黄鉄鉱（二硫化鉄）です。金と似た色で間違えることがよくあることから「愚か者の金」の呼び名があります。

込んで共生したマイクロアルジェも誕生しました。これらが活発に放出する酸素が地球環境へ大きく関わっていったのです。

光合成の副産物として放出された酸素は，まず海水に溶け込んでゆきました。原始の海には海底火山の激しい噴火による大量の鉄イオンが存在していたため，酸素がすぐに結合して酸化鉄となり，固体化して海底に堆積していったのです。

酸化鉄の巨大鉱床はオーストラリアや中国，インドにあり，また中小規模の鉄鉱床は世界中のいたる所にあります。鉄文明が発達したのは，太古の地球においてシアノバクテリアが活発に光合成をしてくれた賜物なのです。もし，鉄鉱石による大規模な鉄工業が世界中で展開されなかったら，私たちの文明は大きく違っていたことは間違いありません。

❑ オゾン層と陸上生物の出現

シアノバクテリアによる酸素の海中への放出は24億年前から5億年もの間続きました。そして，ついに海の中に酸化するものがなくなって，酸素は初めて大気中へと放出されるようになったのです。

原始の地球にもう一つの大きな変化が起きました。それは，巨大大陸の出現です。広大な大地の表面は風雨にさらされてカルシウムやナトリウムなどが海へと流れ出してゆきました。地球の大気にあふれていた二酸化炭素は，光合成で消費されるだけでなく，こういった元素とも結合して減少を始めました。そして，やがては地球を覆っていた二酸化炭素の熱い雲が切れ始め，雲間から少しずつ太陽の光が差し込むようになってきたのです。

太陽の光を大量に受けることができるようになったシアノバクテリアは，ますます盛んに光合成を行うようになりました。その結果，大気中の酸素濃度はどんどん上昇しました。そして，次第に大気の上の方にオゾン層が形成されていったと考えられます。

オゾンは酸素原子によってできています。紫外線によって酸素分子（O_2）が酸素原子（O）に分解され，それが三つ結合してオゾン（O_3）が作られていきます。現在の大気に含まれる濃度の千分の一程度の酸素があればオゾンができるといわれています。ということは，オゾン層は，シアノバクテリアによって生産された酸素が大気中に放出されてからかなり早い時期に作られ始めたと考えられます。

シアノバクテリアが放出した酸素によって生まれたオゾン層が，生命に害をおよぼす太陽の紫外線を遮る役割を果たしました。その結果，海の中にはますます多くのシアノバクテリアが繁殖するようになり，大気中の酸素もさらに増え続けました。そして，6億年前ころから酸素呼吸をする生物が現れ，さらに3億6千万年前あたりから陸上にも生命が広がってゆきました。

酸素は海にあふれて
大気の中へと広がっていった。

大気の中の酸素はどんどん増えた。
酸素はオゾンになって
地球をやさしく包み込んだ。
地球が生きものの楽園になった。

動物も植物も
陸で生きるようになった。
大気の酸素を吸い込んで
地表にもたくさんの生きものが住むようになった。
藻類の子孫は陸にあがって
草や木になった、
草や木も盛んに酸素を吐き出した。

酸素のある大気
生きものたちの楽園、この地球。
四十億年かけてつくられたこの楽園。

詩

酸素のある大気

石川依久子

誰が酸素を作ったの？
たぶん水のなかに生まれた小さな生き物、
原始の海に生まれた小さな藻類たちとその子孫、

何のために酸素を作ったの？
地球に生き物を増やすために？

いいえ、目的なんか何もなかった。
藻類たちは酸素を吐き出した、
ちょうどあなたが二酸化炭素を吐き出すように、

藻類は増えて増えてどんどん増えた。
いろんな藻類に進化しながら増えた。
そして酸素をぐんぐん吐き出した。

生物の系統・分類略図

アミノ酸配列や核酸の塩基配列のデータを用いる系統の解析手法によって，生物系統分類法は大きな変革期にあります。この図は分子系統学的分類などいくつかの手法に基いて作りました。この分野は現在も進展していて，今後も変更されることがあるかもしれません。

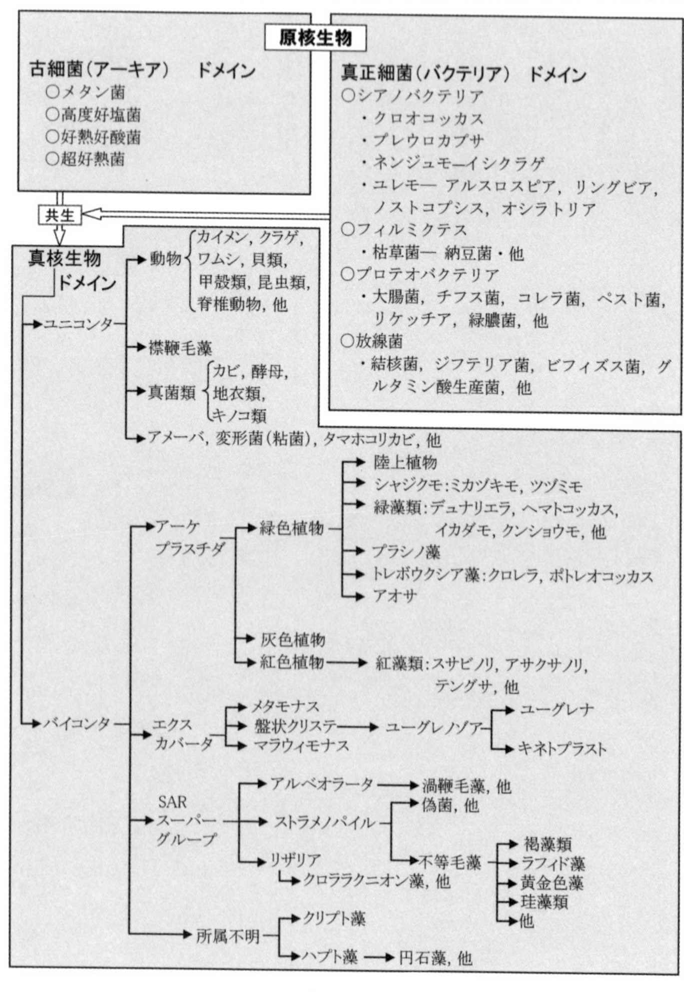

I

マイクロアルジェは
こんな生物

2. 生物の進化と生態系の要
共生と食物連鎖

現在の系統分類では，細胞核をもたない原核生物の古細菌（アーキア）にシアノバクテリアなどの真正細菌が細胞内共生したことで，細胞内に核をもつ真核生物が誕生したという説が有力になっています。

❊ ❊ ❊

❏ 他の生物と助け合って進化する

シアノバクテリア自身はほとんど姿を変えませんでしたが，まったく進化とは無縁であったということではありません。むしろ，積極的に進化に貢献した種であると思います。

その進化を「細胞内共生」といいます。

ゾウリムシという単細胞性の生物がいます。本来ゾウリムシには色はありません。ところが，緑色をした“ミドリゾウリムシ”という種がいます。拡大してよく見ると，細胞の中にたくさんの緑色のクロレラが生きているのが分かります。ミドリゾウリムシはクロレラを体の中にかくまい，安全に保護するとともに，動けないクロレラをよりよい環境へと運ぶ役目をしています（カラー頁 *8*）。

一方クロレラは，有機物を自分では作れないゾウリムシに，光合成で作った有機物を提供しているのです。これを「細胞内共生」といいます。お互いの利益がうまくかみ合った「共存共栄」の共生関係です。

ミドリゾウリムシ（写真提供：神戸大学洲崎敏伸准教授）

細胞内に核膜を持たないシアノバクテリアと，核をもった真核生物との細胞内共生によって多種多様なマイクロアルジェが誕生しました。シアノバクテリアが原生生物の細胞内に取り込まれ，定着して「葉緑体（色素体）」という細胞小器官になったと考えられています。それまで自分でエネルギーを生産できなかった原生生物が，光合成ができるマイクロアルジェへと進化したわけです。

こうして誕生したマイクロアルジェを，別の生物が取り込んで，さらに新しいマイクロアルジェへと進化してゆきました。多種多様なマイクロアルジェがいることは「細胞内共生」という現象が頻繁に起こったことを意味しています。

❏ 葉緑体は共生・進化の証し

共生という言葉は「人と動物との共生」とか「人と地球との共生」といった使い方をされています。もともとは生物学の用語で，複数の種の生物が相互関係をもちつつ同じ場所に生活している状態をすべて共生と呼びます。意外かもしませんが，お互いが利益を受ける（相利共生）だけでなく，「寄生（一方が利益を得て他方が害を受ける）」，「片利共生（片方だけが利益を得る）」，「片害共生（片方が害を受ける）」もすべて「共生現象」に含まれるのです。共生とは利害関係を前提としたものではなくなりました。

ところで，細胞内の葉緑体やミトコンドリアは元は別の生物だったので独自のDNAをもっています。それを解析することで葉緑体のルーツがどんなマイクロアルジェだったのかということが分かってきました。

また，電子顕微鏡の発達により，細胞の中の構造が詳しく分かるようになりました。構造を観察することで，葉緑体がかつては外から取り込まれて共生した生物であったことや，葉緑体の膜の数から，取り込まれた生物が原核生物のシアノバクテリアなのか(二重膜＝一次共生)，緑藻類などの真核生物なのか(三重膜・四重膜＝二次・三次共生）が形態的にも証明されるようになりました。

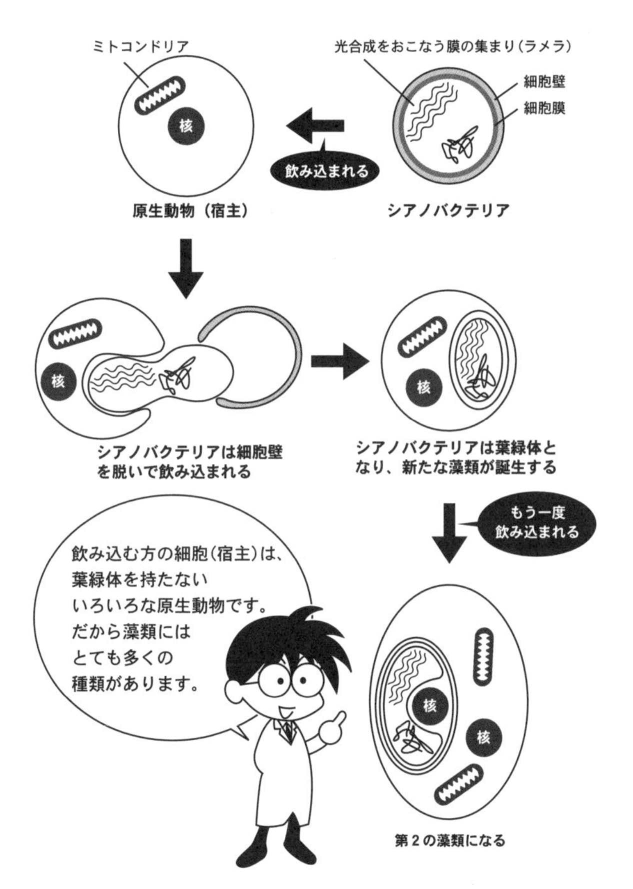

細胞内共生による藻類の誕生

❑ ミクロコズム―小さな生態系を維持する

食物連鎖とは，生物同士の「食べる・食べられる」の関係をいいます。食物連鎖によって炭素や有機物などのエネルギーと物質が循環するのです。この食物連鎖について，日本の研究者によって興味深い研究が行われています。

竹の煮汁をビンに入れて屋外で三か月くらい放置した後，顕微鏡で観察するとそこにはシアノバクテリア，葉緑素をもたないバクテリア，クロレラ，ゾウリムシのような原生動物，ワムシ（多細胞動物）がいました。その後，さらに三か月経過して再び顕微鏡で観察すると，三か月前とほとんど同じ状態で平衡が保たれていました。それからさらに三か月後も，これらは相変わらず平衡が保たれていました。研究者は，この小さな生態系のバランスを「小さな宇宙＝ミクロコズム」と呼びました。

その後，新しいフラスコに人工培養液を入れ，これらの生物群を移植して観察したところ，最初にバクテリアが増殖しました。ところが，二日後にはバクテリアの数が減り，原生動物が現れ，半月後にクロレラが出現しました。クロレラが増殖すると原生動物は減少し，バクテリアが少し増加しました。

さらに三週間ほどすると，フラスコの底に糸状のシアノバクテリアが現れ増殖を始めました。それが繁茂してから一週間くらい経ってワムシが出現しました。そして，バクテリア，原生動物，クロレラ，ワムシが出そろうと，それぞれの数はあまり増えたり減ったりせずに共存するようになりました。

生物は，食べ物によって生命を維持しているわけですから，このミクロコズムは，食べるもの，食べられるもの，そしてそれらを分解するものによる「食物連鎖（食物網）」によって構成されていることになります。

単純な循環系のミクロコズムですが，地球の複雑な食物連鎖の循環と，基本的には同じです。その中ではマイクロアルジェが重要な役割を演じているのです。

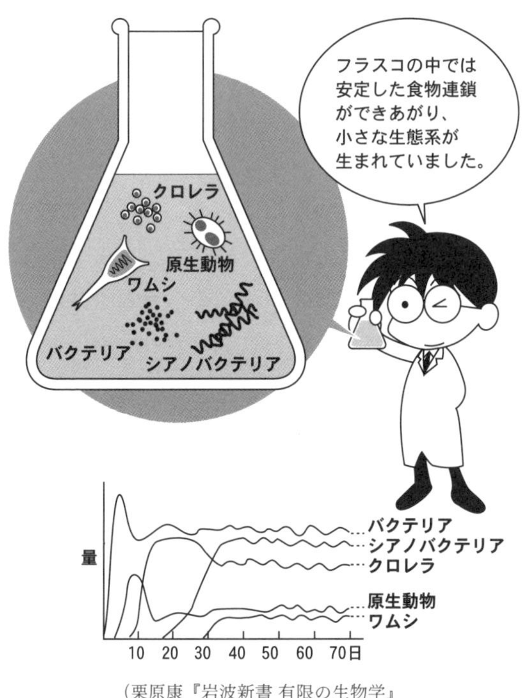

（栗原康『岩波新書 有限の生物学』（岩波書店）より作成）

ミクロコズムとフラスコ内生物の増減

❑ 太陽エネルギーを生命エネルギーに換える

一般的な成人の一日の摂取カロリーの目安は体重や身体活動の度合いにもよりますが1,800から2,200キロカロリーといわれます。「この食事は何カロリー」とか「カロリーの摂り過ぎだから気を付けなきゃ」とか，日常会話でよく使いますね。

では，そもそもカロリーとはなんでしょうか。辞典で調べてみますと，「食べ物または栄養素を消化・吸収した時に生じる熱量の単位」とありました。

食べ物の中にある熱量は，もとは太陽のエネルギーなのです。植物などの光合成によって，太陽エネルギーを生物が動いたり成長したりするために必要なエネルギー（生命エネルギー）に換えられたものなのです。

光合成は，水と二酸化炭素を使って有機物を合成し，その分子の中に太陽エネルギーを閉じ込める化学反応です。この有機物を摂取し，体内で燃焼させて逆に二酸化炭素と水に分解すると，有機物に含まれていたエネルギーが放出されます。このエネルギーの量を「カロリー」という単位で表すのです。すなわち食べ物のエネルギーは太陽光からきているというわけです。

光合成生物以外の生物は，残念ながら直接太陽エネルギーを生命エネルギーに換えることができません。私たちは，野菜などの植物をそのまま食べたり，草を食べて育った家畜を食べたり，また，水中のマイクロアルジェを食べたプランクトンや魚を食べたりして，生命エネルギーに変換された太陽エネルギーを得ているのです。

海洋における食物連鎖の基盤となっているのは，大型の海藻や海草類もありますが，ほとんどがマイクロアルジェです。マイクロアルジェが存在しなければ，海洋の動物は存在しえないと言ってよいほどです。

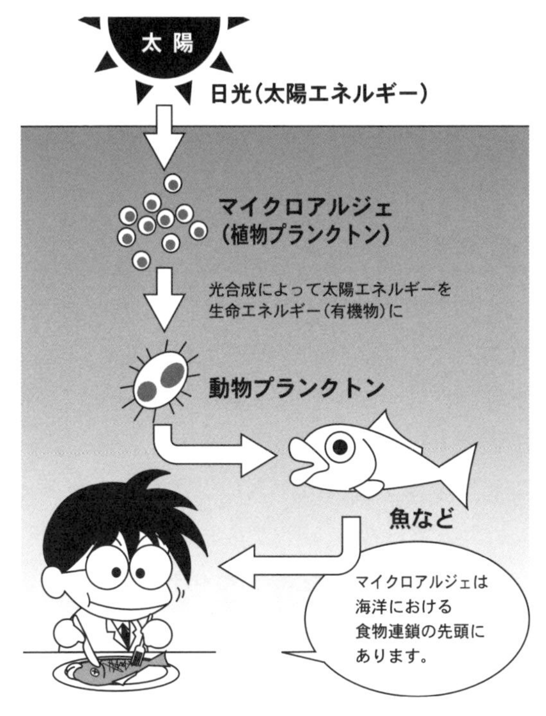

海洋の食物連鎖を支えるマイクロアルジェ

3．マイクロアルジェと呼ばれる生物

シアノバクテリア

シアノバクテリア（藍色細菌）は24億年前に出現したといわれ，緑色非硫黄細菌や紅色細菌と並んで最も初期に生まれた酸素を発生する光合成を行う生物の一つです。藍藻（らんそう）（blue-green algae）とも呼ばれますが，真核生物の藻類とはまったく異なる分類です。細胞内に核を持たない原核生物で真正細菌（バクテリア）の一つです。

シアノバクテリアには，ネンジュモの仲間（イシクラゲ，アシツキ，髪菜，アナベナ他），ユレモの仲間（スピルリナ，リングビア，ノストコプシス，オシラトリア他），クロオコッカスの仲間（スイゼンジノリ他）などがあります。

多くは単細胞性ですが，細胞が集まって群体を形成するものや細胞が糸のように一列に並ぶ「糸状体」を形成するものもあります。細胞のサイズは最も小さいプロクロロコッカスで0.6 μm程度，通常の種は数μm程度です。糸状体の長さは，種によって10～数100 μmと幅広く，オシラトリアの一種は数cmにもなります。主に海洋や河川・湖沼に生育しており，赤潮やアオコの原因となることがあります。イシクラゲ，髪菜といったネンジュモ類のように水の無い陸上や乾燥地域に分布している種もいます（カラー頁 *3*～*7*）。ソテツ，ツノゴケ，菌類や動物のホヤと共生しているものもいるのです。

24億年前から生き続けるストロマライト
（オーストラリア・シャーク湾）

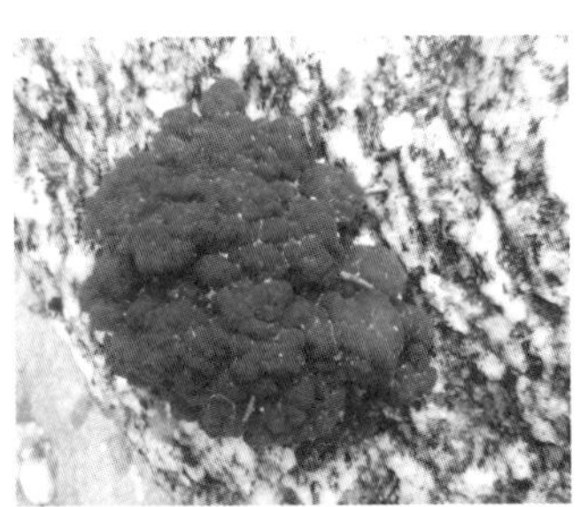

ネンジュモの仲間アシツキ
（かわたけ）

乾燥したイシクラゲ

葛仙米（かつせんべい）

ノストコプシス

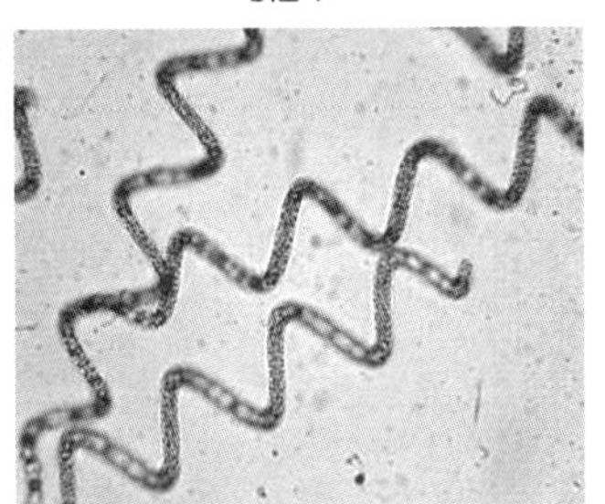

スピルリナ

シアノバクテリア

❑ ノストック（ネンジュモ）

ノストックは旧来の分類ではネンジュモ目となり，食用とされるのは，アシツキ，イシクラゲ，髪菜，葛仙米があります。日本ではアシツキとイシクラゲが生育しています。いずれの種も糸のような群体（糸状体）を形成します（カラー頁 *4*）。

大伴家持が詠んだ万葉集の和歌

雄神川　紅匂ふ娘子らし　葦附とると　瀬にたたすらし

の“葦附”はアシツキのことで，日本人は万葉の時代からノストックを食べていたことが分かります。

アシツキは川で石などに付着して生育しており，富山県では県の天然記念物に指定して保護しています。

イシクラゲは世界各地に分布し，日本でも北海道から九州沖縄までの土壌や芝生の表面，コンクリートの上などに通年に亘って生育しています。降雨時には吸水して膨れ，黒みがかった緑色から褐色でキクラゲのような姿をしています（カラー頁 *5*）。乾燥時には黒色の乾燥ワカメのような薄い皮膜形状になります。梅雨時に大量発生が観察されます。沖縄本島では「モーアーサ」，宮古島では「ヌイージュ」と呼ばれて祝い事などで利用されてきました。現在でも宮古島の市場では朝採りのイシクラゲが売られています。滋賀では「アネガワクラゲ」と呼ばれて保存食として利用されてきました。また，「イワキクラゲ」や「畑アオサ」と呼ばれるところもあります。台湾南部では，雨が降った時に出てくるキノコの意で「雨來菇」と呼び，日常

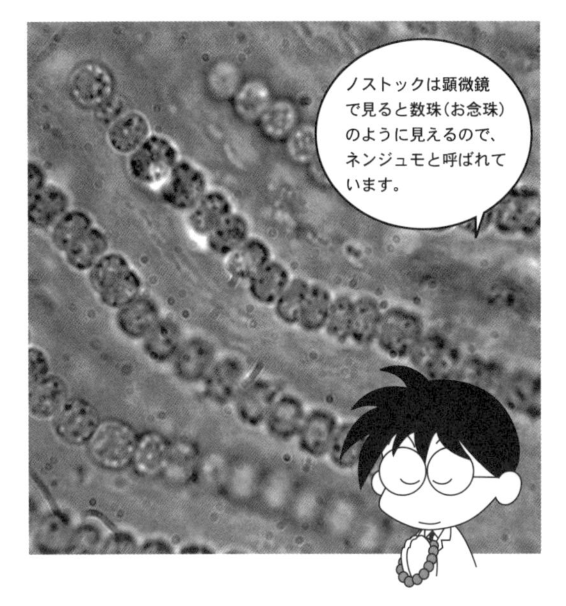

ネンジュモの仲間「髪菜」

的に食べられています（カラー頁 *5*）。

髪菜は中国の内モンゴル自治区やモンゴル国の沙漠地帯の土壌表面に字のごとくたくさんの髪の毛が落ちているような状態で生育しています。

葛仙米は中国読みで，中国の湖北省や四川省の山間の渓流や冬季の水田に球形状で生育しています。同じ種が南米のペルーやボリビアの標高 3,500 メートル以上に点在する淡水湖に生育しており，ペルーでは「クシュロ」，ボリビアでは「ユユチャ」と呼ばれています（カラー頁 *3*）。

❏ スイゼンジノリ

スイゼンジノリは，1872年にオランダの植物学者が熊本市の水前寺・江津湖で発見した日本固有の淡水性シアノバクテリアです。清澄な湧水に生育し，細胞外に粘性の物質を分泌して群体を形成します。暗緑色〜緑褐色をしていて，石などに付着することなく浮遊しています。細胞は，長径6〜7 μm，短径3〜4 μm です。

スイゼンジノリ発生地の一つである熊本市出水神社境内内（上江津湖の一部）が1924年に国の天然記念物に指定されました。しかし，現在ではこの天然記念物保護地に自生していたスイゼンジノリは見られなくなってしまいました。

福岡県朝倉市の黄金川では，古く（1763年）から湧水の流れる水域でスイゼンジノリを栽培してきました（カラー頁6）。また,最近では熊本市内でも湧水を用いて栽培を始めています。

1794（寛政6）年にスイゼンジノリを乾燥した板状にし，地方特産の珍味として11代将軍徳川家斉への献上品とされた記録が残っています。現在でも懐石料理や精進料理の膳に利用されています。

スイゼンジノリは,「水前寺苔」,「寿泉苔」,「紫金苔」,「川茸」などとも呼ばれています。

スイゼンジノリが栽培
されている黄金川（福岡県）。
品質保持のため直射日光が
当たらないよう、日よけを
張っています。
スイゼンジノリ
スイゼンジノリからは
優れた保湿・抗炎症作用を
持つ多糖類、サクランが
見つかっています。

スイゼンジノリ

❏ スピルリナ（アルスロスピラ）

スピルリナの形態はその名の通り直径 5～8 μm の円筒状の細胞が，らせん形（スパイラル）に連なった糸状をしています。長さは 300 μm から長いものでは 1 mm になります。らせんの直径は 30～70 μm で，糸状体の細胞内にガス胞をもち，水中に浮遊して生活しています。

実は，近年の分類学的研究から，健康食品や青色色素の原料とされている「スピルリナ」はスピルリナ属ではなく，アルスロスピラ属[2]のマイクロアルジェであることが分かっています。しかし，すでに一般名として定着しているためスピルリナの呼称が用いられています。本書でもそれに倣(なら)うことにします。

スピルリナはかなり以前に誕生したと考えられています。スピルリナと対比できる化石（ヘリコネマ）が東シベリアの 8 億 5 千万年前の地層から見つかっています。現在，スピルリナの自生が確認されるのは主に熱帯地方の湖で，それも強アルカリ性の特殊な水質の湖に限られます。こうした環境が，他の細菌や藻類に侵されることなく長い間絶えずに生き続けてこられた理由の一つと考えられています。色素はオレンジ色のカロテノイドや青色のフィコシアニンをもっています。フラミンゴがピンク色をしているのは食べているスピルリナの影響なのです。

中央アフリカにあるチャド湖周辺には小さな塩湖が点在しており，スピルリナの大量発生が繰り返されていました。住民は

2　アルスロスピラ マキシマ *A. maxima* とアルスロスピラ プラテンシス *A. platensis* .

古くからこれを貴重な栄養源（特にタンパク質源）として利用していました。湖面に浮遊しているスピルリナを藁で編んだ籠で採取し，主食のでんぷん質に混ぜてケーキ状に調理して食べています。1963 年にフランス政府が，かつて植民地だったチャド湖周辺の住民の栄養状態が，近隣諸国に比べて非常に良いことから，彼らが日常食べているチャド湖のスピルリナに注目して調査しました。その結果，スピルリナの高い栄養価が明らかとなり，特にプロテイン・スコアが 80 を超えるという良質のタンパク質を含むことが分かりました。

スピルリナの商業ベースの大量栽培は 1970 年代から始まりました。現在，世界中で最もたくさん栽培生産されているマイクロアルジェです。

スピルリナ

❏ ノストコプシス

ノストコプシスの仲間は淡水性で，タイ王国のナン県をはじめとした北部および北東部のナン川やメコン川に分布しています。枝分かれした糸状の形態（糸状体）の群体を形成して，石などに付着して生育しています（カラー頁 7）。

日本でもノストコプシスが見つかっています。大阪府吹田の万博記念公園にある日本庭園の池に生育していました。

タイでは「ロン」と呼ばれ，解熱や胃潰瘍の鎮痛，さらに美容に良いとされて食されてきましたが，近年，生育域の河川の水質悪化により，その姿を消しつつあり見つけることが難しくなっています。今ではタイ国内でも多くの人が「ロン」を知りません。

タイのナン川

一方，インドの一部の地域では現在でもノストコプシスを見ることができ，食用となっています。

ノストコプシス

4. マイクロアルジェと呼ばれる生物

灰色植物－灰色藻

灰色植物は真核藻類の中では最も原始的なグループと言われています。灰色という名がついていますが，実物は灰色ではなく，青緑色をしています。

＊ ＊ ＊

灰色藻は淡水性の藻類です。細胞内に一次共生したシアノバクテリアが起源のシアネレという葉緑体をもっています。色素は高等植物には見られないフィコビリンで，他の藻類に広く分布するクロロフィル結合タンパク質の遺伝子をもっていません。

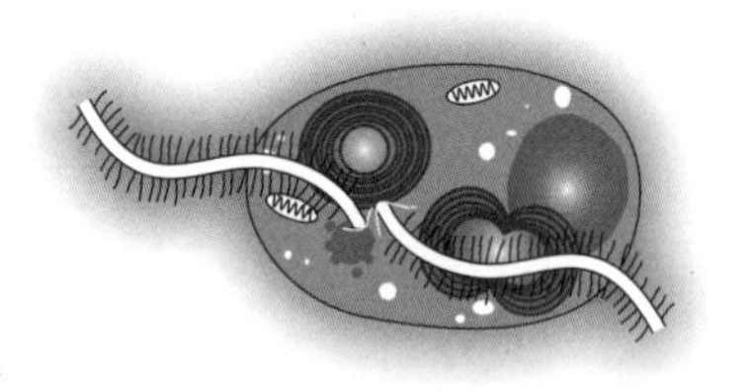

灰色藻シアノフォラ・パラドキサ

灰色藻には２本の鞭毛をもった遊泳性のものと鞭毛をもたない不動性のものがあります。不動性のものには寒天質で囲まれた群体をつくる種があります。

5. マイクロアルジェと呼ばれる生物

紅色植物－紅　藻

紅色植物は分子系統解析によって，20-80 度の温泉に棲息するイデユコゴメと，紅藻の仲間に大別されます。紅藻にはアサクサノリやスサビノリ，テングサ，フノリのように産業的に重要な種が属しています。

❊ ❊ ❊

紅藻はほとんどが海水性の多細胞ですが，直線的に細胞が配置されているだけで，複雑に分化した組織はありません。

葉緑体の色素はクロロフィル a とフィコビリンで，紅色，茶褐色，青緑色，濃緑色などを発色します。

マイクロアルジェとしては淡水産のカワモズクや湿地に生育するチノリモ，ロデラ，糸状になるベニミドロがあります。

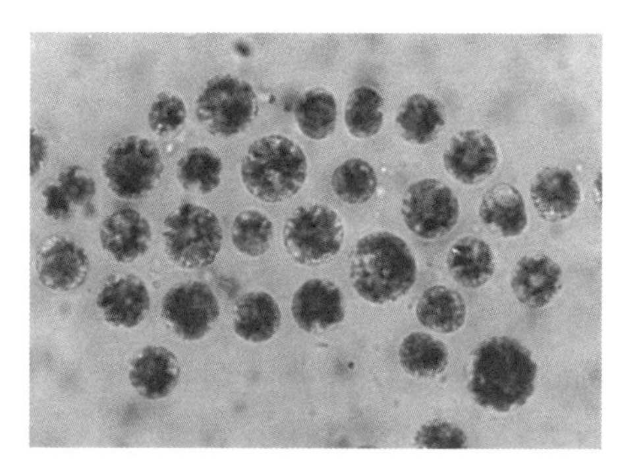

チノリモ

6. マイクロアルジェと呼ばれる生物

緑色植物

緑色植物には，私たちの身近にある大型の陸上の植物と，マイクロアルジェとしてプラシノ藻類，緑藻類，トレボウクシア藻類，シャジクモ藻類が含まれます。

―プラシノ藻

プラシノ藻は数μmから1μm未満のピコプランクトンに分けられる微細な種も多く，なかでもオストレオコッカス・タウリは現在知られている真核藻類のなかで最小です（直径0.8μm）。葉緑体の色素はカロテノイドのα-カロテン，β-カロテンのほかにルテインやいろいろなキサンチン数種類をもっています。

―シャジクモ藻

主に淡水産で，単細胞のものから群体を形成するもの，糸状になるもの，葉状になるものもあります。理科の実験に用いられるツヅミモやミカヅキモがこの仲間です。

―トレボウクシア藻

主として淡水性のマイクロアルジェです。大型になり食用になるカワノリと，サプリメントとして利用されるクロレラやバイオ燃料の開発で注目されるボトリオコッカスが属しています。

❑ クロレラ

1890年にオランダのバイリンク博士によって発見され，クロロス（緑色）とエラ（小さなもの）からクロレラと命名されました。かつては，日本で最もよく知られる藻類でした。湖，池，河川，水溜まりなど身近に生育していますが，すぐれた耐塩性をもつ種が，海域からも単離されることがあります。クロレラは円形または楕円形で，大きさは2〜10μm程度です。増殖速度の速い株を選べば，倍加時間（細胞が2倍になる時間）が2.5〜3時間であり，最も増殖速度の速い藻種の一つです。

クロレラの可能性について最初に注目したのはドイツでした。1917年にクロレラを大量生産してタンパク質を得るという構想を発表しました。

わが国では，第二次世界大戦後(1948年)，GHQとアメリカ・カーネギー研究所が戦後日本の食糧危機の解決策として，クロレラをタンパク質源とするために，東京大学の田宮博教授にクロレラ大量生産の研究を要請しました。そして，1951年に徳川生物学研究所でクロレラの大量生産の研究が始められました。1957年には，科学技術庁の援助により，㈶日本クロレラ研究所が創設され，東京都国立市にて直径12mの円型栽培池によりクロレラの屋外大量栽培法が確立されました。その後，台湾(特に台中)で大規模な屋外栽培施設が多く建設されました。

―緑 藻

緑藻は主として淡水性のマイクロアルジェです。コナミドリムシやクンショウモ，イカダモは，理科の授業の教材としてよく用いられています。

機能性食品として利用価値の高いデュナリエラやヘマトコッカスも緑藻類に分類されます。

❑ デュナリエラ

デュナリエラは，卵型で等長の2本の鞭毛をもっており，淡水から飽和塩濃度の海水まで幅広い環境下で生育しています。生育地で特に有名なのは，アメリカのグレートソルトレイクとオーストラリアのピンクレイクの二つの塩湖です。高塩濃度で植物の生育に重要な窒素の欠乏，かつ厳しい日射量の塩湖や塩田では，デュナリエラが他の生物よりも優位となり，年中オレンジ色のブルームを形成します（カラー頁*2*)。

細胞の大きさは長径が10～15μm，短径が5～10μmです。デュナリエラは，一般のマイクロアルジェが硬い細胞壁に覆われているのに対し，薄い細胞膜に覆われているのが特徴です。

デュナリエラはグリセロール（グリセリン）をつくり多量に蓄積します。外界の塩濃度と浸透圧が変化すると，グリセロールの量とフレキシブルな薄い細胞膜によって細胞の体積と細胞内の浸透圧を調整して対応します。この能力によって汽水域から塩田まで幅広い塩分濃度の環境でも生育できるのです。

デュナリエラは，生育する水の塩濃度が低い時には低温，塩濃度が高い時には高温でよく増殖します。好条件のもとで培養するとデュナリエラは元の数の2倍になる（倍加時間）までに約5時間しかかかりません。しかし，この時にはオレンジ色のカロテノイドは少なく，細胞は緑色をしています。塩濃度が飽和するほど高いと倍加時間は約3日に延び，カロテノイドを大量に合成するため細胞はオレンジ色になります。

1956年に，容易に大量栽培ができ，グリセロールを蓄えるデュナリエラの食用化についての最初の研究が行われました。固い細胞壁をもたないデュナリエラは消化率が良く，良質なタンパク質源となることが期待されたのです。しかし，生産コストがグリセロールの市場価格よりも高くなってしまったために実用化には至りませんでした。

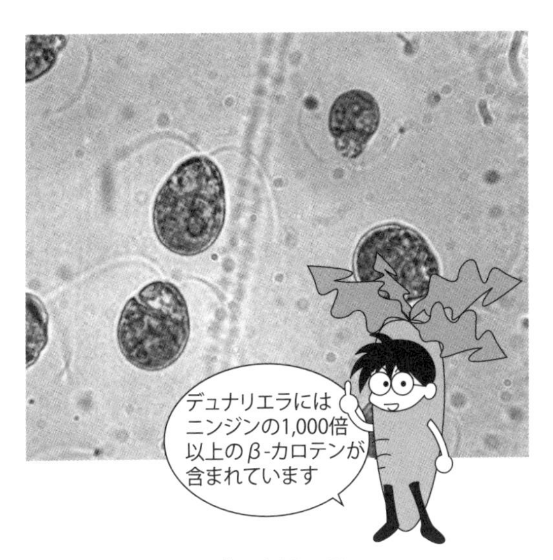

デュナリエラ

❑ ヘマトコッカス

ヘマトコッカスは単細胞性の緑藻ですが，栄養欠乏で強い光にさらされると細胞がシスト（厚い膜を被った休眠状態）化します。その際にカロテノイドの一種であるアスタキサンチンを大量に蓄積して，赤色になります。このアスタキサンチンには強い抗酸化作用があり，様々な有用性が認められ注目されています。

ヘマトコッカスは世界中に分布し，岩棚などにできた一過性の水溜まりなどによく見つけることができます。冬の学校のプールの水面辺りの壁面が赤く色づいていることがありますが，その場所にヘマトコッカスが付着していることが多いのです。

ヘマトコッカスは，生育環境に応じて異なった形態を示します。活発に生育している状況では鞭毛をもつ直径 8～50μm の緑色の遊走子を多く見ることができます。乾燥や強い光などの厳しい環境にさらされると鞭毛を失い，液胞が発達したパルメラ（いくつかの細胞が共通の寒天質の内に入っている状態）に移行します。この状態ではまだ緑色をしています。さらに栄養欠乏にさらされるとシスト（内部に液体や固体状のものを含む袋状）化を起こし，アスタキサンチンを大量に蓄積して赤色になります。

これを利用して，弱い光と富栄養培地でヘマトコッカスを増やし，その後，強い光と栄養欠乏の条件にしてアスタキサンチンを蓄積させる大量栽培方法をとっています。

ヘマトコッカスの大量栽培では，他の微生物の混入を防ぐために閉鎖式の栽培システムが採用されています。ヘマトコッカスは，スピルリナのように他の生物が棲めないような高アルカリや，デュナリエラのような高塩濃度の条件下で栽培することができず，クロレラのようなものすごいスピードで増えていく能力ももっていません。普通の環境条件で栽培するので，繁殖能力が高い他の生物にヘマトコッカスは負けてしまうのです。そのため，ヘマトコッカスの大量栽培には，クロレラやスピルリナ，デュナリエラの大量栽培よりも繊細なコントロールが必要になります。

ヘマトコッカス

7. マイクロアルジェと呼ばれる生物

ユーグレナ，珪藻類，その他

ここでは理科の観察実験の教材になることの多いユーグレナ（ミドリムシ）と珪藻類に近いものや，分類がはっきりと決まっていないけれど有用性の高いハプト藻の仲間について紹介します。

＊ ＊ ＊

❏ ユーグレナ（ミドリムシ）

クロレラに代わって，現在わが国で最も知られているマイクロアルジェがユーグレナ（ミドリムシ）です。ここでは光合成を行う種をユーグレナと呼ぶことにします。

ユーグレナは単細胞性の鞭毛虫で，光合成を行わない種もいます。これらは底泥や死んだ植物上でよくみられます。

一方，光合成能をもつユーグレナは海水域で赤潮の原因になったりする種もいますが，世界中の水田や湖沼など様々な淡水域で生育しています。緑藻を食べるため，富栄養化して緑藻が増えた水環境で多くみられます。また，汚水中にも高密度で見つかることもあります。さらに，沼地などにマット状の塊を作って生育していることもあります。このようにユーグレナは生命力が強く，他のマイクロアルジェが生育できない強い光や強酸（pH4 以下）の中でも生育できます。

教科書などで動物と植物の両方の特徴をもつ微生物の例として紹介されているとおり，光合成による独立栄養と他者を捕食するなど従属栄養の両方で生育することが可能です。

ユーグレナは自由遊泳性で，細胞の外側に殻をもっていません。鞭毛は2本ですが，1本は導管開口部から外に伸び，他の1本は短く細胞内に留まっているものが大半なので1本に見えます。紡錘形，円筒形，長円形，卵型をしていて，長径25～390 μm，短径5～38 μmとかなりの幅があります。光反応運動に関係する眼点という赤色の細胞内小器官をもっています。

殻のないユーグレナは，細胞が丸くなったり全体的に身をくねらせたりする「ユーグレナ運動」をします。変形現象とも呼んでおり，小さな仮足を伸ばすアメーバー運動とは異なります。

ユーグレナの生体成分や栄養価が研究されはじめたのは1970年代後半からです。特徴的な成分として，β-1,3-グルカンという多糖類があり，日本の研究者が積極的に研究を進めて

ユーグレナ（ミドリムシ）

います。生命力が強いことから，ユーグレナの大量栽培は比較的容易と考えられており，今後ますます期待されるマイクロアルジェです。

❑ 珪藻類

珪藻は不等毛藻類に属し，珪酸質の殻をもっています。生物量が大きく，円盤状，卵型，棍棒型など多様な形の種類がいる，もっとも繁栄している藻類です。殻の構造で大別すると，中心が点の種類と羽状（舟形）の種類に分けられます。また，生活様式（浮遊生活と底生生活）の２つに分けることもあります。

生態はきわめて多様で，細胞１つで単独生活する種もあれば細胞が連なった群体生活する種類もいます。生育場所も，海洋，河口域，湖沼，河川と海水域，汽水域，淡水域，温泉や氷上といった高温域～低温域，酸性域～アルカリ性域と多様な環境下で生育しています。

水圏生態系の炭素や窒素循環の重要な生産者として欠かせない存在です。

❑ クロララクニオン藻類

クロララクニオン藻は主に熱帯から温帯にかけての暖海に広く分布しています。「緑色の(クロラ)クモの巣(アラクニオン)」の名前の通り，糸状の仮足をもつアメーバー状をしていますが，球状や１本の鞭毛で遊泳する種もあります。

クロララクニオン藻は，ユーグレナと同様に，原生生物が光合成真核生物の緑藻を捕食して細胞内に取り込み，共生したこ

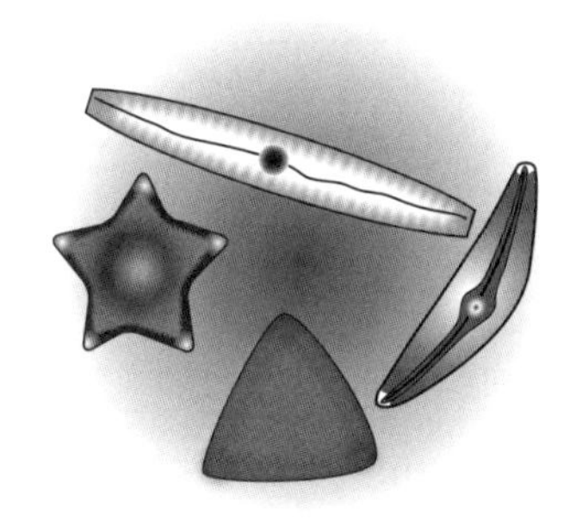

珪藻の仲間

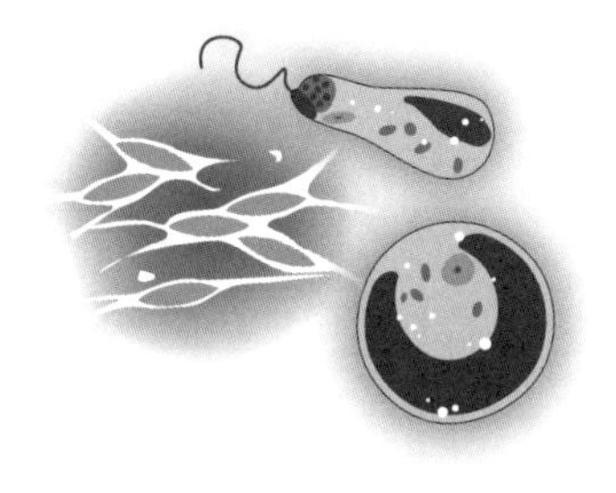

クロララクニオン藻

とで生まれました。そのため，葉緑体には4重の膜があり，元の緑藻の核が痕跡（ヌクレオモルフ）となって残っています。細胞の大きさは直径5～10 μm です。薄い外層と厚い内層からなる細胞壁に覆われています。

❏ 真眼点藻類

真眼点藻類は青緑色の色素クロロフィルcをもつ不等毛藻類に属しますが，例外的にそれをもたず緑色をしています。鞭毛の根元付近に赤い眼のような点があることから，この名があります。淡水や土壌に生育するものが多いのですが，魚介類養殖の餌料に利用されるナンノクロロプシスは「海産クロレラ」と呼ばれ（緑色植物のクロレラとは関係ありません）海洋に生育する種もあります。

❏ 円石藻

ハプト藻の中で，円石（ココリス）と呼ばれる円盤状の炭酸カルシウムで覆われる種を円石藻と呼びます。円石藻の仲間で研究が多くなされているのは，エミリアニア，ゲフィロカプサとプレウロクリシスです。

エミリアニアは球形で大きさは 4〜6.5 μm，ゲフィロカプサは球形で 6〜9 μm，プレウロクリシスは楕円形あるいは球形で 9.5〜10.5 μm です。

エミリアニアは大西洋で大量発生することが報告されています。1983 年に人工衛星から特殊なカメラで北大西洋上を撮影したところ，7,000 平方キロメートル（琵琶湖の 10 倍）の白

円石藻（エミリアニア）（写真提供：東京学芸大岡崎恵視名誉教授）

い広がりが写されました。5月から6月にかけて周期的に現れたため調査をしたところ，エミリアニアのココリスが外れて海水中に散乱し，そこに光が当たって白く写ったことが分かりました。ドーバー海峡の白い石灰岩が円石藻の沈着によって造られ，「ココリス・ライムストーン」と呼ばれていることは有名です。ゲフィロカプサは太平洋で大量に発生します。日本近海では，1980年に三陸沖で，1992年には鹿児島湾でゲフィロカプサの大量発生が報告されました。

円石は細胞内で形成されてから細胞表面に移動します。円石形成の仕組みの研究が，人の骨や歯，あるいは真珠の形成の仕組み解明の糸口になるのではと期待されています。また，円石藻が形成する炭酸カルシウムの量は海洋で最も規模が大きいため，二酸化炭素削減の可能性が期待されています。

通常の実験室でのフラスコ培養における円石含有量（重量%）は，エミリアニアが約36%，ゲフィロカプサが約67%，プレウロクリシスが約30%です。円石藻の大量栽培においては，ゲフィロカプサは円石が多いために細胞が重くなって底面に沈降するために栽培が難しく，エミリアニアは時々円石を付けなくなることがあります。そこで，現在はプレウロクリシス（カラー頁*11*）が大量栽培されています。

ゲフィロカプサ

8. マイクロアルジェを増やす

大量栽培への道

いろいろなマイクロアルジェが，地球上のいたるところに棲んでいます。また，地球の歴史の中でマイクロアルジェが大変重要な役割を担ってきました。「でも，私たちの生活には関係ないのでは？」と言われるかもしれません。実は，古くから私たちの身近なところでマイクロアルジェは利用されてきたのです。

❏ 利用の歴史—レンガからダイナマイトまで ——

昔から利用されてきた代表的な例は壁材として利用される珪藻土（珪藻でできた土）です。珪藻は水中のシリカ（ケイ素）を取り込んで，内部と外部に通じる 0.1～1.0 μm の無数の細孔を作ります。この珪藻が大量に死滅，沈積し，長い年月をかけて珪殻と呼ばれるシリカ質の遺骸のみを残した物が珪藻土です。珪藻土には無数の微細孔があり，このことにより吸水性や吸着性，脱臭性に優れた壁材として，和室などに利用されています。

珪藻土に最初に目をつけたのは古代ギリシャ人で，研磨剤や軽量レンガに利用したと言われています。また，トルコ共和国のイスタンブールにある「聖ソフィア教会堂（アヤソフィア）」が，珪藻土を使った最初の建造物と言われています（537 年）。さらに，スウェーデンのノーベル博士が，ニトログリセリンを珪藻土に吸着させて「ダイナマイト」を発明しました。珪藻土

―皆様の声をお聞かせください―

成山堂書店の出版物をご購読いただき、ありがとうございました。
今後もお役にたてる出版物を発行するために、
読者の皆様のお声をぜひお聞かせ下さい。

お声をお寄せいただいた愛読者の方の中から
抽選で、成山堂書店図書カード(1000円分)を進呈いたします。

代表取締役社長
小 川 典 子

本書のタイトル（お手数ですがご記入下さい）

■ 本書のお気づきの点や、ご感想をお書きください。

■ 今後、成山堂書店に出版を望む本を、具体的に教えてください。

こんな本が欲しい！(理由・用途など)

■ 小社の広告・宣伝物・ウェブサイト等に、上記の内容を掲載させて
いただいてもよろしいでしょうか？（個人名・住所は掲載いたしません）
はい ・ いいえ

ご協力ありがとうございました。

（お知らせいただきました個人情報は、小社企画・宣伝資料としての利用以外には使用しません。25.4）

がなければ「ノーベル賞」もなかったかもしれません。

日本では，食べられる土として籠城に備えて城の内壁材に使用され，漆喰より吸放湿性に優れた壁材として現在でも利用されています。また，耐火性に優れているため耐火レンガや七輪火鉢の原料になっています。輪島漆器の下塗り剤も珪藻土です。近年では，酒やビール製造時のろ過材としても使われています。珪藻は土となって，紀元前の昔から現在に至るまで，そしてこれからも，私たちの生活に大いに役立つ生物なのです。

古代から役に立ってきた珪藻

❏ 優秀なマイクロアルジェを探す

マイクロアルジェは，世界中にある微生物保存機関（カルチャーコレクション）に多くの種株が保存されています。日本のカルチャーコレクションは国立環境研究所です。多くの研究者は，カルチャーコレクションから入手したマイクロアルジェを用いて研究しており，研究成果を論文で発表する時には，その出処を記載しています。

しかし，カルチャーコレクションが保存しているマイクロアルジェは，基本的には研究だけにしか使用できず，商業利用はできません。そこで，企業がマイクロアルジェを開発する際には，自ら採取しなければなりません（カラー頁 *1*)。

マイクロアルジェの生育環境や生活様式はさまざまで，海や川，湖沼などの水中で生活している種や水中の石や葉っぱなどに付着して生活している種などがあります。さらには，ガードレールや樹木の表面などでも生育する気生藻や土壌表面などで生育する陸生藻と呼ばれる種などもいます。

お目当てのマイクロアルジェの種類が分かっていれば，それが生育していると思われる環境でマイクロアルジェ採集を行います。しかし，欲しいと思っている性能が決まっていても，それに適したマイクロアルジェが分からない場合には，いろいろな場所での採集が必要となってきます。マイクロアルジェ採集は宝探しと同じで，すぐに欲しい種が見つかることはほとんどありません。逆にそこがワクワクするところでもありますが。

こうしてマイクロアルジェがいると思われる水や土壌などを

採取してきても，そこにはいろいろな生物が一緒にいます。そこで，目的とするマイクロアルジェだけを捕まえる操作（単離）を行います。単離でよく使う操作は2つです。一つは顕微鏡をのぞきながら欲しいマイクロアルジェの細胞だけを捕まえる操作，もう一つは採取してきたものをできるだけ希釈して（溶液を増やして）細胞密度を小さくし，それを少しずつ分けて培養して，欲しいマイクロアルジェを取り出すという操作です。こういった操作は，雑菌のいないクリーンな環境下で行う必要があり，専門的な技術を必要とします。

単離したマイクロアルジェは，フラスコで無菌培養して増やし，その後大量栽培へと進めます（カラー頁*16*）。

マイクロアルジェを探す

❏ 栽培の歴史

マイクロアルジェは紀元前から利用されていて，その長い歴史に比べれば，大量栽培技術はここ数十年と始まったばかりです。研究室でのフラスコの中での培養は確立されていて，増やしたマイクロアルジェを研究材料にしています（カラー頁 *16*）。

ところが，大量栽培にフラスコは不向きです。例えば，最も培養が簡単といわれるクロレラをフラスコで 1 リットル培養したとします。この 1 リットルから得られるクロレラの重量は 1 日にわずか 0.4 グラムです。実用的な量のクロレラを得るには膨大な数のフラスコが必要となり，現実的ではありません。大掛かりな栽培施設を建設しなければなりません。

最も古い商業的大量栽培は，1961 年に前述の日本クロレラ研究所がクロレラを総栽培面積 4,000 平方メートルの規模で円型栽培池を用いて実施したものです。当初は，二酸化炭素ガスを培養液に供給していましたが，よりよい炭素源として酢酸を用いるようになりました。酢酸を用いることによって，栽培コストの削減と増殖率の向上が得られました。今でも台湾のクロレラ栽培施設近辺では酢酸のにおいが漂っています。

クロレラに続いて大量栽培されたマイクロアルジェはスピルリナです。メキシコシティの東北にかつては大湖だったテスココ湖の名残として，塩水の沼沢と地下水が残っています。この塩水を用いてカセイソーダを作っている企業が，1970 年に塩水の濃縮池で自生していたスピルリナを放置栽培しました。これに続いて1978年，日本の企業がタイ王国でレースウェイ型栽培池にて大量栽培を開始し，続いて1981年にはアメリカでも大量栽培を開始しました。レースウェイ型栽培池は，その後屋外大量栽培用の栽培池として広く採用されるようになりました。

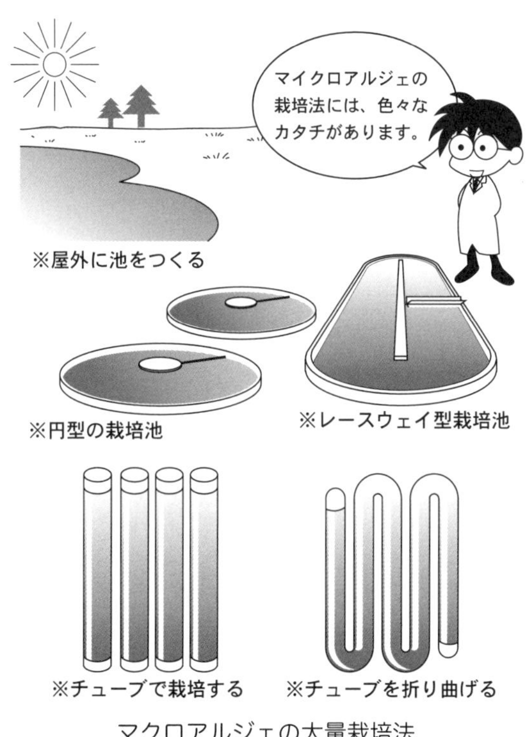

マクロアルジェの大量栽培法

クロレラ，スピルリナに続いて，デュナリエラがレースウェイ型栽培池で，ヘマトコッカスやポルフィリディウムがフォトバイオリアクタで大量栽培されています。近年では，ユーグレナの大量栽培がクロレラを栽培していた円型栽培池で始められています（カラー頁 *9〜15*）。

❑ 大量栽培が利用実現の鍵

前頁で紹介したように，クロレラやスピルリナなど数種類のマイクロアルジェはすでに大量栽培されています。大量栽培法は，屋内閉鎖型，屋内開放型，屋外閉鎖型，屋外開放型の4つに大別されます。栽培コストは，屋内閉鎖型が最も高く，屋外開放型が最も安くなります。しかし，屋外開放型は他の生物の混入する可能性が高く，また広大な土地が必要です。曇った日などでは安定した太陽光が得られない，夏などは水温が上がり過ぎてしまうなど天気や気候に影響される問題もあります。

他のマイクロアルジェや微生物等よりも増殖力の強いクロレラやユーグレナはこれまで大量栽培の主流であった屋外開放型の円型栽培池やレースウェイ型栽培池で行えます。また，他の生物が生存できない極めて厳しい環境で栽培するスピルリナやデュナリエラも同様です。

一方，通常の環境下でも増殖の遅いヘマトコッカスは，値段の高いアスタキサンチンを産生するので栽培コストが少々高い，屋内の閉鎖型の栽培池で大量栽培しても採算が合うのです。

1950年代にクロレラの大量栽培技術が確立されてから，それぞれのマイクロアルジェに適した栽培条件等の技術革新はありましたが，屋外開放型の大量栽培技術では，これまで根本的な技術革新がなかったといっていいでしょう。

しかし，今後バイオ燃料やバイオプラスチックなど石油に代わるものとして，あるいは重要な食糧として，地球温暖化を食い止めるための二酸化炭素削減の方策として，マイクロアル

少ない面積で効率よく栽培するため
チューブをピラミッド型に

通常は屋外に設置するレースウェイ型栽培池をビニルハウス内に

ジェを必要とする時代が来ているのです。狭い土地でも安定な光源と温度管理が可能で，栽培コストが安い新たな栽培設備の開発が急務です。マイクロアルジェの低コストな大量栽培技術の確立が，マイクロアルジェを利用するための鍵となっています。

II

マイクロアルジェの
いろいろな利用法

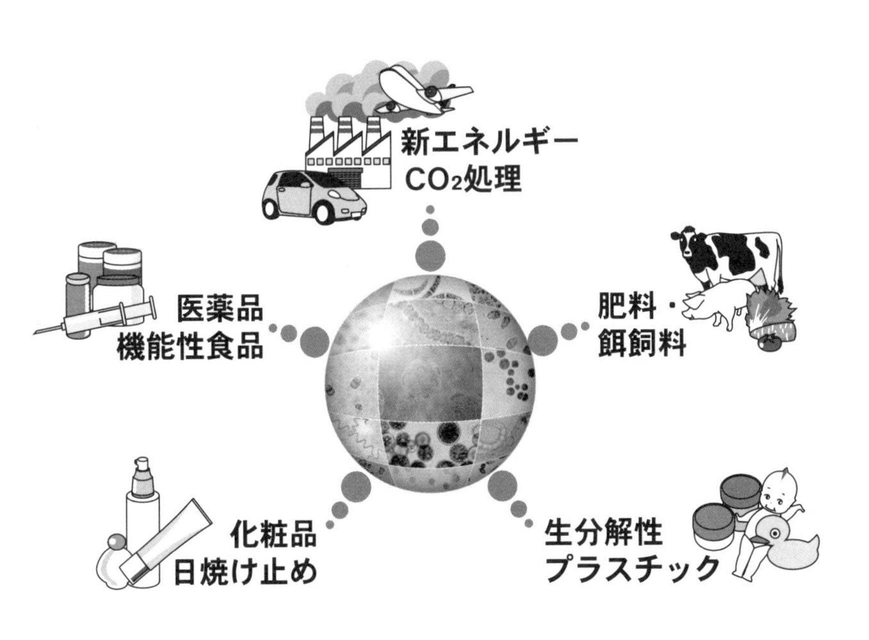

マイクロアルジェを原料としたバイオプラスチックやバイオ燃料の実用化には，生産コストを下げるためにもマイクロアルジェの大量栽培が必須です。また，コストを分散化するには，石油のようにマイクロアルジェでも多角化・多段階利用を模索する必要があります。

❏ マイクロアルジェを広く・無駄なく利用する ——

マイクロアルジェを原料としたバイオプラスチックやバイオ燃料の実用化には，マイクロアルジェの大量栽培法のさらなる改良が最重要課題です。しかし，開放型栽培方法は，クロレラの大量栽培技術が確立された1950年代から今日まで，技術革新がほとんどないのが現状です。一方，閉鎖型栽培方法に関わる技術は未だ途上の段階です。多くの研究者が効率の良い大量栽培技術の開発を進めており，近い将来，画期的なシステムが必ずや構築されるものと期待しています。

マイクロアルジェ利用の多角化とは，マイクロアルジェをバイオ燃料だけでなくいろいろな製品に利用することです。これまでのマイクロアルジェの利用実績としてはサプリメントや化粧品，一般食品があります。これらの価格はプラスチックよりもはるかに高価です。そこで，マイクロアルジェをバイオプラスチックあるいはバイオ燃料またはサプリメントに分けて利用することで，単価が安く・大量でなくてはならないバイオプラスチックやバイオ燃料と単価が高価で少量生産のサプリメントとで補完することが可能になります。バイオ燃料の開発を進めている企業では，マイクロアルジェの多角化を実際に進めています。

さらに，マイクロアルジェを成分別に多段階利用することも考えられています。マイクロアルジェから脂溶性成分と水溶性成分を取り，本来はゴミとなる有用成分を取った残りかすまでも有効に活用していくことで，コスト低減を図ることができます。先進国には食べられるのに無駄に捨てている食物の有効利用を考える「フードロス問題」がありますが,「マイクロアルジェロス」にもこの考え方を当てはめるのです。

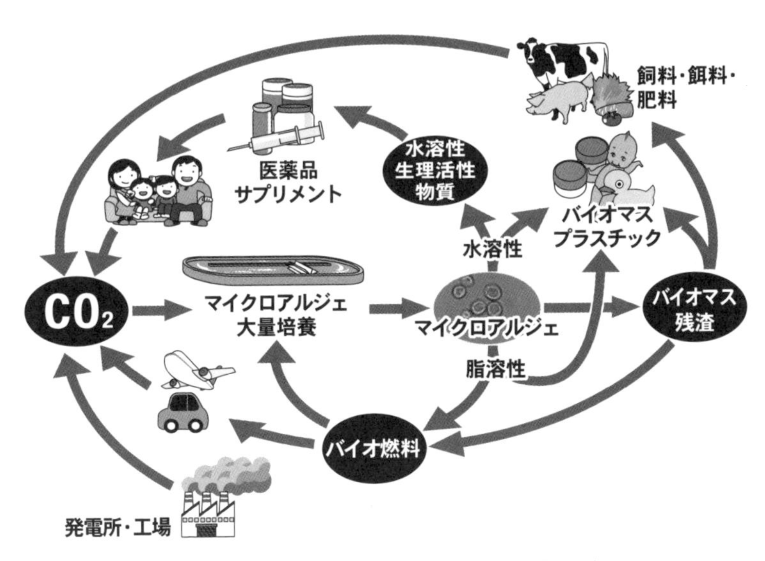

マイクロアルジェを多角化・多段階に利用する

❑ マイクロアルジェの応用―3つのバイオ領域―

マイクロアルジェの応用は，農水・環境技術に関わる「グリーンバイオ」，バイオマス資源，バイオ燃料をはじめとする工業バイオ技術の「ホワイトバイオ」，そして医療・健康に関する「レッドバイオ」の3つの領域で研究開発が進められています。それぞれのバイオ領域は完全に独立しているのではなく，それぞれの領域に重なっている研究もあります。

グリーンバイオ領域でまず考えられるのはマイクロアルジェの食糧利用です。クロレラの大量栽培は第二次世界大戦後の日本の食糧問題を解決するために始まりました。同様に，現在のアフリカの飢餓地域では，スピルリナを食用目的で大量栽培することで，飢餓からの脱出を目指しています。

飼餌料や肥料の分野でもマイクロアルジェは活用されています。古くから魚貝類の種苗生産に活用されてきました。また，良質な餌として品評会用の家畜に与えられています。農作物の肥料としてもマイクロアルジェのエキスが利用されています。

ホワイトバイオ領域ではバイオ燃料の開発が進んでいます。現在，マイクロアルジェがこれほどまでに知られるようになったのは，このバイオ燃料開発に注目が集まっているからです。アメリカや日本だけでなく，世界中でマイクロアルジェを原料としたバイオ燃料の開発が進められています。枯渇が予想される石油に代わるものとしては，バイオ燃料の他にバイオプラスチックの開発も進んでいます。

しかし，マイクロアルジェの活用が最も進んでいるのが，医

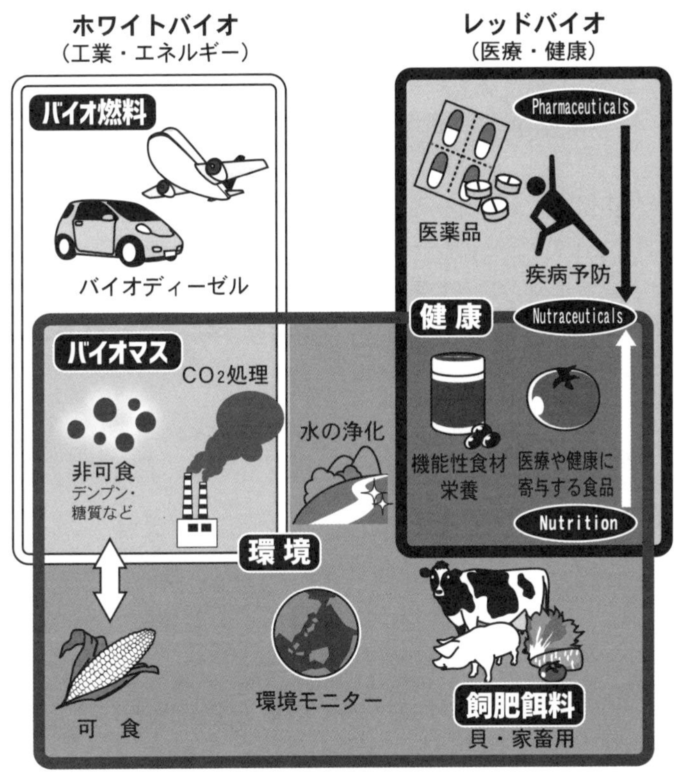

マイクロアルジェに期待される三つの活用分野

療や健康，美容の分野ーレッドバイオ領域です。昔からのクロレラやスピルリナ，最近ではカロテノイドを生産させるデュナリエラ，アスタキサンチンをつくるヘマトコッカス，そしてサプリメントや食品添加物として広く利用されるようになったユーグレナがレッド領域利用の代表です。

9. 農水産業・環境分野

グリーンバイオ領域

農作物の肥料，土壌改良剤，生物農薬，栄養価の高い家畜飼料，海を汚しにくい魚の餌などの一次産業への利用や，二酸化炭素の固定や大気・水質汚染の改善，金属イオンの除去・放射性物質の除染といった環境保全にもマイクロアルジェの活用が期待されます。その可能性は多岐にわたっています。

❏ 放射性物質除染の試み

福島第一原子力発電所事故後，放射性物質（放射性セシウム）に汚染された土壌の除染について多くの研究が行われています。セシウムは土壌表面にとどまる性質があり，カリウムと似た挙動を示すため，カリウムの吸収率が高い植物を利用した浄化法が検討されてきました。しかし，農林水産省が行った実証試験では期待されるほどの効果が得られませんでした。

放射性セシウムの一つセシウム-137の半減期は約30年ですが，これは放射能が無くなるわけではありません。半分に減るのに30年もかかるということです。また，あるバクテリアで放射性セシウムが無くなると言われたことがありますが，生物が元素を分解したりできるわけもなく，これは完全なデマです。

そこで，土壌表面に生育する陸生のイシクラゲを利用した生物除染の研究が行われています。イシクラゲは毒性がないこと，さらに人が浴びれば即死するような高放射線量の下でも生育できることから，生物除染に適していると期待されているのです。

まず，イシクラゲがセシウムを吸収・蓄積してくれるのかを非放射性セシウムを用いて実験したところ，セシウムを吸収・蓄積することが確認されました。また，福島県内で自生していたイシクラゲに放射性セシウムが高濃度に蓄積していること，その土壌の放射能濃度が，近くのイシクラゲがない土壌の放射能濃度よりも低いことが報告されました。

さらに，汚染していないイシクラゲを福島県内の汚染した土壌にまいて一定期間後に調べた実証試験では，イシクラゲが放射性セシウムを吸収・蓄積し，まかれた土壌では放射能濃度が低下していることが報告されたのです。イシクラゲによって放射性物質が除染された可能性が示されるものとなりました。

イシクラゲは乾燥させると大きさが 20 分の 1 になります。放射性セシウムをイシクラゲに吸着して乾燥すれば，現在の広大な除染土壌の中間貯蔵地を減らすことができるのではないかと期待されています。

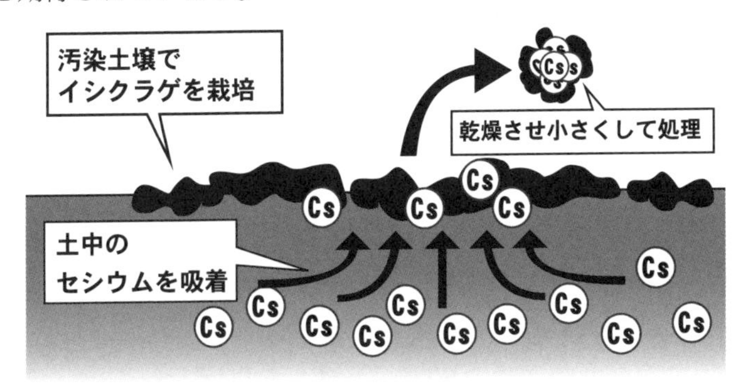

イシクラゲによる除染処理のイメージ

❏ 二酸化炭素を削減する

人間の経済活動で石炭や石油などの化石燃料を燃やすと，二酸化炭素だけでなくイオウ酸化物（SOx）や窒素酸化物（NOx）が大気中に放出されます。地球温暖化は，主に二酸化炭素の増加による温室効果によって引き起こされていることが有力です。温室効果ガス世界資料センター（WDCGG）の解析によれば，2015 年の世界の二酸化炭素の平均濃度は 400.0 ppm となり，前年から 2.3 ppm 増加しています。この数値は産業革命（18 世紀後半）以前の濃度（278 ppm）よりも 44％増加していることになります。

日本は，環境省が中心となって，省エネルギーや技術革新などの推進によって二酸化炭素削減に取り組み，先進諸国の中での二酸化炭素排出量は最も少なくなっています。

しかし，いくら日本がひとりで頑張ったところで，他の国が野放しでは地球全体の二酸化炭素量は減りません。そこでマイクロアルジェを忘れてはいけません。地球誕生当時に 90％を超える二酸化炭素濃度の大気に覆われていた地球を約 0.03％まで二酸化炭素を減らしてくれた立役者はマイクロアルジェなのです。

海洋は大気との間で気体の交換を行い，大量の物質を溶解します。二酸化炭素は海水中では主に炭酸水素イオンや炭酸イオンの形となっています。海水に溶解している炭酸物質の総量は大気中の二酸化炭素量の 60 倍にも達します。したがって，海洋の炭酸物質を固定化して減少させれば，大気中の二酸化炭素を海が取り込むことで濃度を削減することが可能と考えられます。

1995年にアメリカの海洋研究所が赤道太平洋ガラパゴス沖で鉄散布の実験を行いました。海洋におけるマイクロアルジェの生育を制御している物質が鉄だからです。また，2001年には日本の研究グループが，鉄濃度が低いサハリン東部の海域からカムチャッカ沖に硫酸鉄溶液を散布しました。その結果，マイクロアルジェの増殖が著しく認められ，その海水中の二酸化炭素濃度は減少しました。

マイクロアルジェによる二酸化炭素の削減は，地球の歴史を考えれば，最も理にかなっているといえるでしょう。しかし，海洋中に鉄を人為的に加えるため，海洋の生態系を崩す可能性があるため，さらに詳細な研究が行われています。

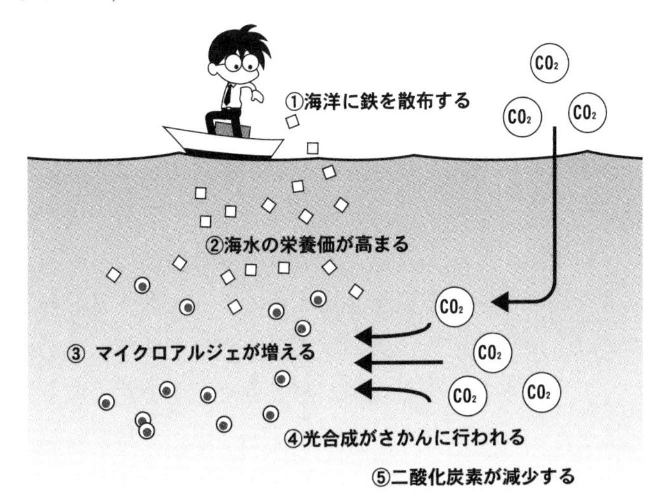

海中の二酸化炭素が減少すると，その分大気中の二酸化炭素が減る

❑ 水質改善と金属イオン処理で環境保全

環境保全には，物理的手法や化学的手法，微生物を用いた生物学的手法があります。この中で，微生物を利用する技術をバイオレメディエーションといいます。

化石燃料を燃やした排ガスに含まれるイオウ酸化物（SOx）や窒素酸化物（NOx）が大気中に増えてくると，いわゆる大気汚染が始まります。化石燃料の使用を減らすことがこの問題を解決する最も近道なのですが，現在のエネルギー事情の下では非常に難しくなっています。そこで，光触媒や活性炭などによるSOx・NOxの防除技術が実用化されています。もちろん，マイクロアルジェを活用する研究も進んでいます。排気ガスの成分に似た条件下で生育する紅藻類のマイクロアルジェが見つかっていて，すでに単離されています。今後の研究と利用に期待が持てます。

大気汚染と共に問題となっているのが水質汚染です。私たちが利用している水道水は河川や湖の水を浄化したものですが，その水源の汚染がどんどんひどくなってきたために，飲料とするにはより高度な浄水技術を必要とするようになりました。

日本では，かつて水質汚染の最大の原因は工業廃水でした。しかし，工場排水に対する規制が厳しくなった現在，家庭からの生活排水が主な原因となっています。その中で特に多いのが食事に使った食用油や調味料，米のとぎ汁など台所からの排水で約50%，これにシャンプー・リンス，洗濯や食器洗いに使う合成洗剤，風呂や洗濯の排水が続きます。

アフリカなど上水道の整備がなされていないところでの飲料用水確保のために，珪藻に近い種で外洋性の「ペラゴ藻類」が生産する高分子多糖類を利用した浄水技術が研究されています。この技術が水質汚染の浄化にも利用できるのではないかと期待されています。

マイクロアルジェを利用したバイオレメディエーションの一つにバイオソープションがあります。バイオソープションの目的は，水中に存在する微量金属イオンの補捉を目的としたものが多く，環境保全として有害イオンや放射性物質の廃水処理が挙げられます。マイクロアルジェによるバイオソープションの研究はさまざまな金属イオンについて検討されています。

例えば，ウラン鉱山における排液中のウラン除去に，ユーグレナやクロレラ，円石藻のイソクリシスの利用が研究されています。また，クロレラや

マイクロアルジェで大気と水を浄化

スピルリナを利用した，金やプラチナなどのレアメタル回収の研究も積極的に行われています。

❏ 農地の土壌改善・家畜の餌飼料

農作物用として，クロレラエキスを主体とした「植物成長調整剤」が1977年に農林水産省に登録されています。その効果には①光合成能力の強化，②養水分の吸収力の増大，③土壌微生物の生態系に好影響があると記されています。

現在は，陸生のシアノバクテリアによる窒素固定やクロレラによる土壌放射線菌増加作用など，マイクロアルジェを活用した土壌改良の可能性が検討されています。また，マイクロアルジェによる生物農薬の研究も進められています。化学農薬よりも環境に優しく，また害虫に抵抗性がつきにくいことが期待されています。

マイクロアルジェが家畜飼料として利用されている実績はありません。これは，飼料の主原料である穀物に比べマイクロアルジェの値段が高いからです。しかし，付加価値の高い品評会用の牛の飼料にクロレラを混ぜて与え，この飼料で育った牛が評価の高い賞を受賞しています。

また，多段階利用の一つとして，バイオ燃料の“油”を取ったマイクロアルジェの残りカスに水溶性の生理活性物質が含まれていることから，これを家畜の健康のための飼料に役立てようとの研究が行われています。

マイクロアルジェは魚の養殖でも環境保全の役に立っています。養殖業では生け簀の中の魚たちに人工配合餌料を大量に撒いて育てていますが，食べきれずに残った餌は底に沈んでヘドロとなったり，水質を悪化させ，環境の悪化を招いたりしてきました。これからは，食べ残っても水を汚すことのない餌を与える養殖方法を推進してゆかなければなりません。

マイクロアルジェは食物連鎖の一番基盤に位置する生物です。マイクロアルジェで作られた生餌は，人工飼料よりも海を汚しにくく，はるかに環境にやさしいものになるのです。

家畜の飼料，養殖魚の餌として利用される

10. 工業分野

ホワイトバイオ領域

食糧用の穀物を減らすことなく，また熱帯雨林の伐採も不要なバイオ燃料に。土に還りゴミとならないバイオプラスチックに。20 世紀の石油科学文明から 21 世紀はマイクロアルジェを利用する植物科学文明の時代となっていくでしょう。

＊ ＊ ＊

❑ バイオ燃料を生み出すマイクロアルジェ

石油代替エネルギーとして，パームツリー（アブラ椰子）やトウモロコシなどを原料としたバイオ燃料が注目されています。しかし，大量に植林することで熱帯雨林の伐採や食用作物の不足といった別の問題が出てきました。広大な経済水域をもつ日本では大型海藻を養殖してバイオ燃料にするという構想もありましたが，海面利用の面からもコスト面からも非現実的なものでした。そこで，不毛の地で育ち，食糧にならない素材から燃料を開発することが求められるようになりました。その候補にマイクロアルジェが挙がったのです。

マイクロアルジェが陸上植物（穀物類）に比べて 10～200 倍の生産性があり，油分などの燃料となる成分を多く含んでいることは，すでに数十年前から知られていました。この特徴に注目したバイオ燃料（藻類バイオ燃料）の研究開発は 1970 年代の石油ショックにまでさかのぼります。1973年10月の中東戦争勃発に伴う石油の減産・禁輸による第一次オイルショック，1979年2月のイラン革命に伴う原油価格急騰による第二次石油ショックに見舞われました。それらオイルショックを背景に，マイクロアルジェを利用したエネルギー開発が活発に行われ，一度目の藻類バイオ燃料ブームを迎えました。アメリカでは藻類から再生可能な運輸燃料を開発するためのプログラムが予算化されました。

1990年代には，京都議定書締結による二酸化炭素等温室効果ガス削減の数値目標が設定されたことを背景に，二度目の研究開発ブームを迎えました。アメリカでは国立再生エネルギー研究所を中心にして研究開発が行われました。また，日本でも「ニューサンシャイン計画」として，アメリカ以上の開発経費

太陽エネルギーを燃料に換える

を投じた世界最大のプロジェクトがスタートしました。しかし，原油価格の下落や経済的な理由から下火となりました。

2007年初頭，当時のジョージ・W・ブッシュ大統領が年頭教書演説で「2017年までに年間350億ガロンの再生可能燃料・代替燃料の使用の義務化」をうたって以来，数か月のうちに北米の複数のベンチャー企業がマイクロアルジェによるエネルギー生産の構想を打ち上げました。これが三度目のブームです。そして，現在に至っています。

マイクロアルジェを原料とするバイオ燃料の研究・開発はアメリカがリードした形で進んでいますが，日本でも産学官一体となって研究開発が進められています。

シアノバクテリアのシネコシスチスやアナベナは水素を発生するクリーンエネルギー源として期待されています。

海洋性珪藻のフィッツリフェラは，乾燥重量当たり60％のトリグリセリド（植物油）を蓄積します。乾燥フィッツリフェラの熱量（25.8 MJ/kg）は石炭の熱量（約27 MJ/kg）とほぼ同程度の値を示しており，固形燃料としても有用であると考えられています。また，燃料として有用な脂肪酸メチルエステルも得ることができます。

ユーグレナは好気状態ではユーグレナ特有のパラミロンという物質を蓄積します。そのユーグレナを嫌気状態にすると，パラミロンが発酵されて，ジェット燃料に適しているミリスチン酸を主成分とするワックスエステルが生産されます。

緑藻では石油系のオイルを産生する研究が進んでいます。シュードコリシスチスは培養中に窒素を枯渇させると細胞内に乾燥重量の30％程度の脂質を蓄積することができ，その3分の2はバイオ燃料に変換できる中性脂質です。淡水性のボトリオコッカスは炭化水素をはじめ，最大で乾燥重量の70％程度という高い効率で種々のオイルを生産します。すでに20年以上前から注目され，欠点だった増殖スピードの速い品種が開発されて再び注目されています。また，イカダモはpH4〜11，温度が4〜40℃の範囲での屋外栽培が可能で，実用化に向けて注目されています。

その他の注目株として，葉緑体をもたないラビリンチュラ類のオーランチオキトリウムは，マイクロアルジェの範疇から外れますが，「石油を作る藻類」として知られています。同条件の培養でボトリオコッカスの10倍強の量，乾燥重量当たり20％の炭化水素をつくり出します。ボトリオコッカス培養の余剰有機物や生活排水の有機物を餌にする研究も進んでいて，生産コストを緑藻類の10分の1にできるという試算も報告されています。火力発電の燃料であればオイルに精製せず，乾燥したペレットがそのまま使えるという利点もあります。

❏ 土に還るバイオプラスチック

プラスチックは，容器や包材など多くの製品に用いられ，私たちの暮らしになくてはならない便利な素材として定着しています。しかし一方で，化石燃料を原料とするばかりか，リサイクルルートが確保されている種類が限られており，多くが焼却や埋め立てによって環境に負荷をかけてしまっています。

これに対し，環境に優しいプラスチックとして，生分解性プラスチックやバイオマスプラスチックが登場してきました。マイクロアルジェを利用した環境に優しいバイオプラスチックの研究・開発も世界各国で進められています。ここでは，日本の研究・開発を紹介いたします。

生分解性プラスチックの原料として PBS（ポリコハク酸ブチル）や PHA（ポリヒドロキシアルカン酸）があります。PBS はこれまでは石油から合成されていましたが，近年，生物を利用した「バイオコハク酸」の生産が行われています。シアノバクテリアのシネコシスチスの培養条件を操作して，コハク酸生合成量を高める研究が進められています。また，PHA の一種である PHB（ポリヒドロキシ酪酸）の生合成量を高める研究も進められています。

ユーグレナに含まれる多糖類パラミロンに，カシューナッツの殻から合成される変性カルダノールなどを付加させて，加熱することで加工できるバイオマスプラスチックの作製に成功しています。

ハプト藻のファエオシスチスは大量の多糖類を生合成して細

胞外に保持します。ファエオシスチスを高濃度に混ぜた水溶液に廃パルプ溶液を混合，加工することで，引張強度の高い生分解性フィルムの作製に成功しています。

紅藻のポルフィリディウムも大量の多糖類を生合成し，細胞外に保持します。ポルフィリディウムにセルロースとグリセリンを混合，加工して柔軟性のある抗菌性フィルムの作製に成功しています。今後実用化に向け，さらに開発が進むものと思います。

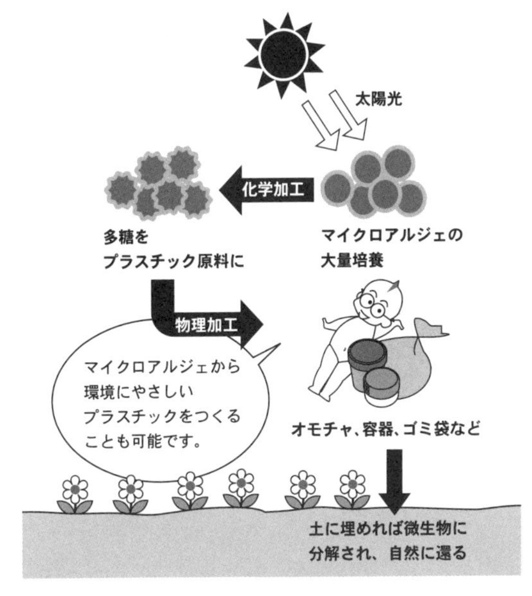

バイオプラスチック

11. 医療・健康分野①

免疫：人体の自己防御機構

私たちの健康を保つ要素には，十分な睡眠や適度の運動，ストレスをためないことなどがあります。なかでも，栄養素のバランスのとれた食事を摂ることは，体をつくるためだけでなく，健康を維持するための「免疫力」を高める上でも非常に需要です。

❑ 自然治癒力

風邪に効く薬はないといわれます。「そんなことはない。風邪をひいた時に病院で出してもらう薬を飲んでいると治ってしまうじゃないか」と反論の声が聞こえてきます。しかし，風邪で病院にかかると，多くの場合は抗生物質が処方されます。風邪の原因はウイルスですから，細菌に対してのみ薬効のある抗生物質が効くはずはありません。抗生物質を飲んでも飲まなくても，風邪をひいている期間は同じであるという調査結果も出ています。抗生物質は，細菌による二次感染を防ぐためのものなのです。

では，風邪はどうして治るのでしょうか？　それは，私たちが本来もっている自然治癒力によって風邪が治るのです。

自然治癒力には二つの機能があります。一つは自己再生機能です。風邪をひいて炎症を起こすと細胞が壊れます。その細胞をもとにもどそうとする働きです。別の例を挙げますと，けがをしてしばらくするとその傷口がきれいに治ります。これも自己再生機能によるものです。

もう一つは，活性酸素や細菌（病原菌），ウイルスなどの外敵と戦って自身を守る免疫による自己防御機構です。外敵によって異なる防御機能（抗酸化，抗菌，抗ウイルスなど）が働きます。この自己防御機構は特に重要で，これが低下すると自己再生機能も低下してしまい，自然治癒力全体としての機能が低下してしまいます。

抗酸化機能としてはSOD（スーパーオキシドジスムターゼ）やカタラーゼなど抗酸化酵素が，抗菌機能としては顆粒球やマクロファージなどが，そして抗ウイルス機能としてはT細胞などのリンパ球などがあります。これらの機能を低下させない，低下しても回復させることが大切です。回復が難しい場合には，医薬品などで機能を補完させるようにしましょう。

自然治癒力

❑ 飢餓・けが・感染症

人類は，誕生した時から「飢餓」，「けが」，「感染症」との戦いが始まりました。肉食獣のような力や牙，爪をもたず，強力な武器をつくれない人類の祖先は，小動物や植物を食べて飢えをしのがなければなりませんでした。そこである程度の飢餓に耐えて生きられるように，少量の食べ物で体を維持できる「血糖維持機構」を身体に備えたのです。

けがに対しては，治療薬などありません。まずは止血することが重要だったので「過剰反応型の止血機構」を備え，けがをしたときにすぐに血が止るようになりました。

水や食べ物，動物や土壌からの病原菌やウイルスなどの感染症の脅威にもさらされていました。そこで「重層的な免疫機構」を備え，病原菌やウイルスなどの感染症に対抗できるようになりました。

このように，三つの脅威に対して三つの防御機構を獲得した私たち人類ですが，農業・漁業によって豊富な食糧を生産できるようになり，医学・薬学が発達した現代では，生き残るために人類が身に付けたこれら防御機構が，逆に仇となることもでてきたのです。

飽食の時代とも呼ばれ，少なくない費用をかけてダイエットをするほど，私たちは栄養過多になってしまいました。しかし，私たちがもつ飢餓に対する「血糖維持機構」は太古から何も変わっていません。少量の栄養で血糖値を維持する身体ですから，食べすぎた結果，余分な糖が体の中にあふれてしまい，糖尿病を引き起こすこととなりました。糖尿病が贅沢病といわれるゆえんです。

栄養過多や偏食を続けた結果,「過剰反応型の止血機構」によって血管内に血栓ができやすくなってしまいました。日本人の死亡原因の第2位と第3位は循環器疾患（虚血性心疾患と脳血管疾患）ですが，この止血機構が少なからず関わっています。さらに,「重層的な免疫機構」は免疫過剰につながってしまい，食物アレルギーやカビやダニ，排気ガス，植林で増えたスギ・ヒノキの花粉などのアレルギー患者が急増しています。

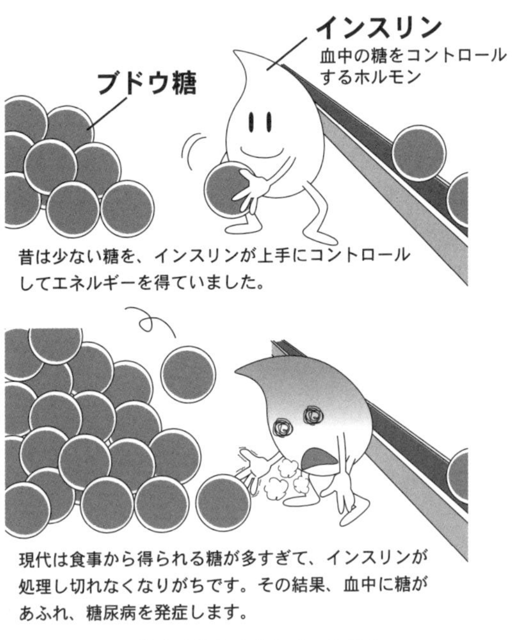

現代人が糖尿病になる理由

❑ アレルギー：免疫異常

日本では，この半世紀の間にアレルギー患者が著しく増えました。住宅環境の変化に伴うカビやダニ，排気ガス，花粉などの「アレルゲンの増加」がその一因であると考えられています。

現在のアレルギー対策は，主としてこのアレルゲンの除去を目指しています。しかし，日本をはじめ先進国で問題となっているアレルギー患者の増加は，アレルゲンの増加のみでは説明できないことが数多くあります。一例を挙げますと，アレルゲンの無いところでは，アレルギーは当然起こりませんが，日本では米の消費量が減っているにもかかわらず，コメ・アレルギーの患者が増えているのです。

免疫には「自然免疫」と「獲得免疫」があります。体内に侵入してきたウイルスや細菌などの外敵と，相手を選ばずに最初に闘うのが自然免疫です。

しかし，自然免疫の手を逃れた病原体やがん細胞が現れると獲得免疫の出番となります。獲得免疫は，敵（抗原）に目印をつけて，その相手だけに特化した闘いをする，強い免疫反応です。一度闘った相手を記憶して再度の侵入に備えておき，2度目からはより強い免疫反応で対抗することができるのです。

アレルギーはこの獲得免疫の仕組みがうまく働かず，過剰に反応してしまう免疫異常です。外敵（抗原）を捕えると，免疫細胞はヒスタミンやロイコトリエン，プロスタグランジン，血小板活性因子といった「炎症メディエーター」を産生して抗原の侵入を防ぎ，さらには体外へ排出するように働きます。炎症メディエーターは発赤，発熱，発痛，腫脹などの症状を引き起こすものです。獲得免疫が外敵だけでなく，食物や花粉などにも過剰に反応してしまい，それが続くと，肺では喘息，鼻では鼻炎，皮膚ではアトピー性湿疹といったアレルギー症状がおきます。

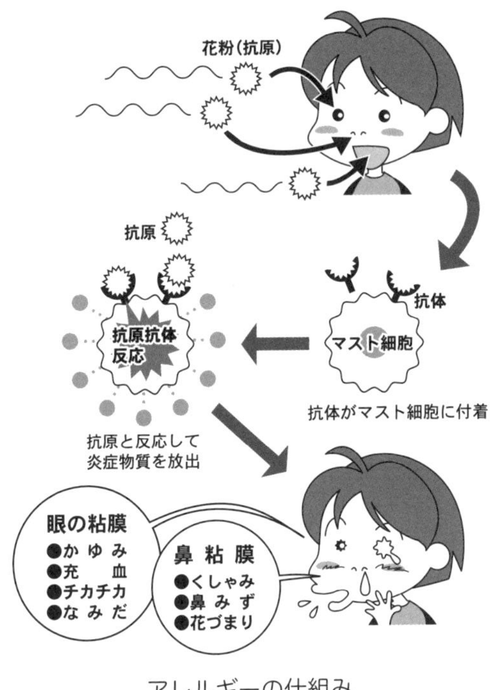

アレルギーの仕組み

❏ 免疫システムにカルシウムは必須

免疫システムでは，カルシウムイオンが非常に重要な役目をもっています。カルシウムは，細胞と細胞の情報伝達や神経細胞の信号の伝達に欠くことのできない物質です。脳や心臓などの筋肉の働きはもちろん，免疫細胞が行動するときにも必須です。

免疫細胞中のカルシウム濃度は極めて低く，それが高いと情報がうまく伝わらなくなったり，細胞の死滅が起きたりして免疫力が低下する免疫不全や，逆に免疫過剰（アレルギーや自己免疫疾患）といった免疫異常を引き起こすことになります。正常な細胞のカルシウム濃度は，細胞を取り巻く血液中のカルシウム濃度の１万分の１の濃度しかありません。

だからといって，カルシウムの摂取量を減らしてしまうと，反対に細胞内のカルシウムが増えてしまう「カルシウムパラドックス」という状態になってしまうのです。

では，どうしてカルシウムパラドックスが起きてしまうのでしょうか？

血液中のカルシウム濃度は厳密にコントロールされており，そこには副甲状腺ホルモンが重要な役割を担っています。食事などで血液中のカルシウム濃度が上昇すると，余分なカルシウムを骨に蓄えるようにします。この時，細胞内のカルシウムは増えません。ところが逆に，カルシウムの摂取不足が続くと，血液中のカルシウム濃度を維持しようと，副甲状腺ホルモンがたくさん分泌されます。その結果，骨からカルシウムが血液中に出てきます。骨から一斉にカルシウムが出てきますから，血液中にカルシウムが増えすぎてしまいます。この余分となったカルシウムが細胞内に流れ込んで，細胞内カルシウムが急激に増えてしまいます。カルシウムの摂取不足が，細胞内カルシウムの増加を引き起こします。

正常な免疫能を維持するためには，カルシウムの摂取がとても重要なのです。

ところで，生物が鉱物を作る反応をバイオミネラリゼーションといいます。動物の骨の形成や貝類の貝がらや真珠層の生成，サンゴ礁の形成などがその例です。炭酸カルシウムの殻（ココリス）を形成するマイクロアルジェに円石藻があります。その利用のための詳細な研究が行われています。

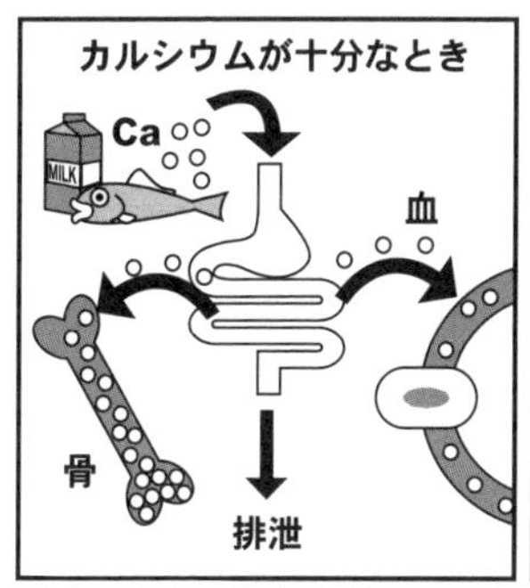

全体の半分以上が便と共に排泄され、残りの９９%は骨と歯に、１%がその他の部分に行く

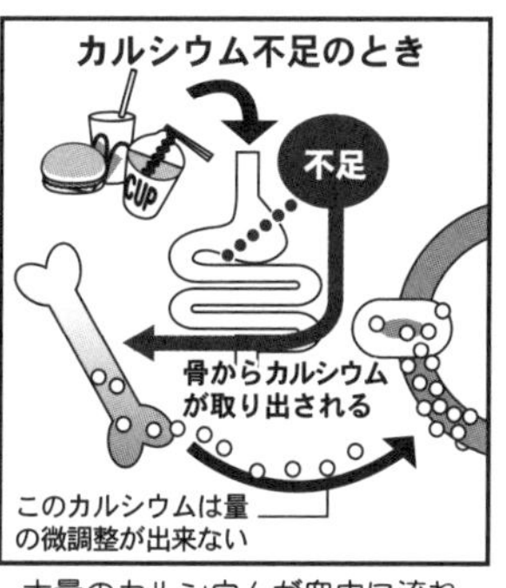

大量のカルシウムが血中に流れ込み、余分なカルシウムが血管や脳などの細胞に沈着する

カルシウムの摂取量が不足すると、血液や細胞中のカルシウムが逆に増加する逆転（パラドックス）現象を、**カルシウムパラドックス**といいます。

カルシウム・パラドックス

❏ 腸管免疫

私たちは，感染症の脅威に対して重層的な免疫機構を備えました。第1階層は，細菌やウイルスなどの外敵が生体に侵入するのを防ぐ腸管免疫です。第2階層は，外敵が体内に侵入した時に，即座にそれを感知して特異的に対応して排除する自然免疫です。そして，第3階層は，自然免疫をもうまくのがれた外敵を排除する獲得免疫です。

かつては，免疫といえば，第2階層の自然免疫と第3階層の獲得免疫を指していました。ところが1970年代に，そもそも外敵が体内に侵入しないように働く第1階層の腸管免疫が，私たちのもつ免疫の約60％を占めることが明らかとなり，注目されるようになりました。

ここでいう腸管は，小腸や大腸を指すのではなく，口や鼻から肛門までの一連を指します。腸管内は内なる外界といわれ体内ではありません。外敵が腸管内にあっても，そのまま排泄すれば，体内に侵入しないことになります。

では，腸管免疫がどうして私たちのもつ免疫の約60％も占めるのでしょうか？

空き巣狙いの泥棒を捕まえることを考えてみてください。これまでの免疫（自然免疫と獲得免疫）では，泥棒が家の中に入ってから捕まえることでした。これでは，泥棒を捕まえたとしてもすでに家の中は荒らされてしまっています。体内に外敵が入ってきたら，臓器などの細胞に傷をつけられる可能性が大きくなります。一方，泥棒が家の中に入る前に捕まえたらどうで

従来の免疫（上）と腸管免疫（粘膜免疫）（下）

しょう。家を荒らされることはありません。腸管免疫は，外敵が体内に入る前に排除するので体に損傷を与えません。身体にとってはこちらの方がずっと良いわけです。だからこそ，腸管免疫が約60%を占めているのです。

腸管免疫の主担当は，免疫グロブリンA（IgA）です。IgAは，外敵を捕えて包み込み，そのまま体外へ運び出します。IgAは細菌やウイルスだけでなく花粉などにも対応してくれます。

さらに，腸管免疫が働くと，次の自然免疫と獲得免疫を活性化することもわかっています。

❑ 自然免疫

腸管免疫の網をすり抜けて体内に侵入してきた外敵に対し，次に働く防御機構が自然免疫です。外敵に対して無差別に対応します。細菌やウイルスだけでなく，異物と認識したものはすべて外敵として対応し，その対応するまでの時間が短いという特徴をもっています。

自然免疫の免疫細胞は白血球の顆粒球（好中球，好酸球，好塩基球）やマクロファージ，ナチュラルキラー細胞（NK 細胞）などで，24 時間絶え間なく体中をパトロールし，少しでも外敵が侵入するとすぐに襲いかかって退治してくれます。自然免疫は生まれながらに備わっている常設の免疫機構です。あらゆる植物や動物に備わっており，先天性免疫とも呼ばれます。

顆粒球やマクロファージは，外敵を自身に取り込んで消化することから貪食細胞と呼ばれます。

自然免疫で外敵を防ぎきれない時に働くのが，後述する獲得免疫です。自然免疫と獲得免疫は緻密な連係プレーで私たちの体を守ってくれています。この一連の防御機構を，図を用いて簡単に説明しましょう。

① 侵入してきた外敵（異物）に対し，最初に攻撃を仕掛けるのは顆粒球です。血液中に最も多く存在する顆粒球は好中球です。顆粒球は歩兵隊のようなもので，顆粒球だけでは外敵を退治することはなかなか難しいようです。

② そこで，将校であるマクロファージが応援に駆けつけて一緒に外敵を退治します。

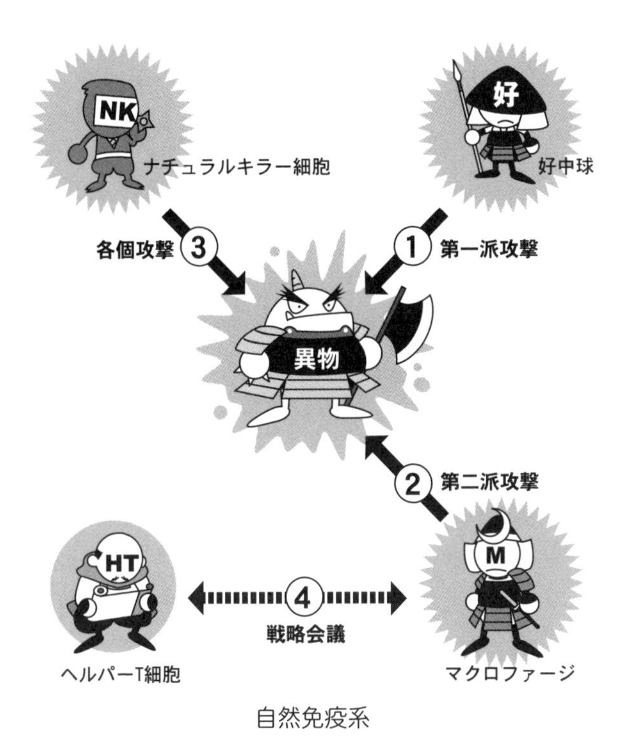

自然免疫系

③　NK 細胞は，特にがん細胞やウイルスに感染した細胞に対して強さを発揮します。忍者のように単独で常に血液内を循環し，外敵の細胞を殺傷します。

④　マクロファージは，外敵の情報（抗原）を作戦参謀であるヘルパーT 細胞に伝え，一緒に戦略会議を行います。

ここまでが自然免疫です。この後ヘルパーT 細胞などが活躍し始める獲得免疫へと連携されます。

❑ 獲得免疫

自然免疫では，外敵（異物）に対して，顆粒球とマクロファージが退治に駆けつけ，併せてマクロファージから外敵の情報がヘルパーT 細胞に伝えられて戦略会議が開かれることを説明しました。このあとから獲得免疫が活躍することとなります。

獲得免疫の免疫細胞はT 細胞とB 細胞です。外敵の情報（抗原）に対する抗体を介して特異的（決まった標的）に対応をします。

獲得免疫は，以前侵入してきた外敵への対応策を記憶しておき，再び同じ外敵が侵入した時に直ちにそれらを退治する働きもあります。この時に記憶しておいた対応策を抗体と呼びます。インフルエンザの予防接種などのワクチンは，この働きを利用します。獲得免疫についても図を用いて簡単に説明しましょう。

① 戦略会議にて外敵に対する作戦（たくさんのキラーT 細胞を送る）が決定次第，キラーT 細胞を増やします。キラーT 細胞は，ヘルパーT 細胞の命令がないと増えることができません。

② たくさん増えたキラーT 細胞は，外敵に乗っ取られた細胞を除去するために出陣します（キラーは英語で殺し屋という意味）。

③ キラーT 細胞は，単独，あるいはマクロファージと協力して，外敵に乗っ取られた細胞を異常な細胞と判断して破壊します。

④ ヘルパーT 細胞は，同時にB 細胞にも外敵の情報を伝

えます。情報を得たB細胞は，外敵に対する武器（抗体）を作ります。

⑤　サプレッサーT細胞は戦況を眺め，キラーT細胞の暴走（外敵だけなく正常なものにも攻撃をするようになり，免疫過剰となります）を抑え，一連の戦いに終止符を打ちます。

このように，腸管免疫，自然免疫，獲得免疫がうまく連携して，感染症やがんなどから私たちを守ってくれています。

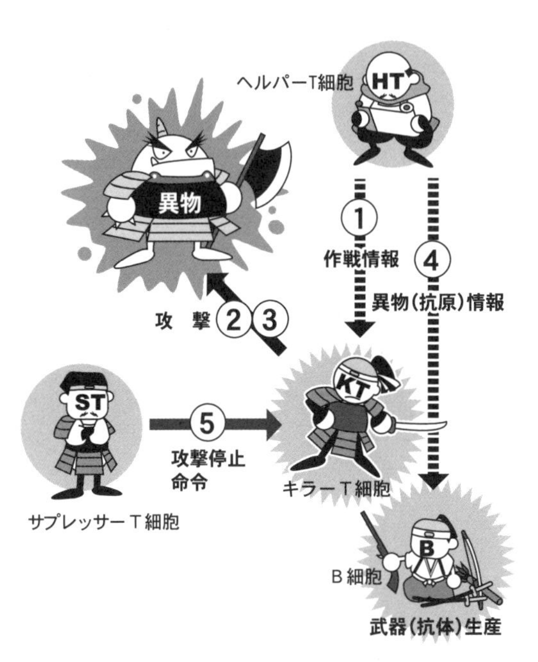

獲得免疫系

12. 医療・健康分野②

レッドバイオ領域

マイクロアルジェの活用が最も進んでいるのがサプリメントです。現在，最も大量に安く栽培生産されているのはクロレラとスピルリナですが，それでもバイオ燃料はおろか，食品としても安くはありません。マイクロアルジェの生理作用についての研究は世界中で行われています。これらの科学的な証拠（エビデンス）を基にした機能・効果という訴求価値をもつからこそ，サプリメントとしての需要があるのです。

❏ 藻食のすすめ

健康を保持・増進させるためには，バランスの良い食事を摂る必要があります。ここでいうバランスの良い食事とは，身体を維持し，健康な生活を続け，十分な活動をするために必要な栄養素を過不足なく適正量が摂取できることをさします。私たちが，どのような栄養素をどれだけ食べればよいのかは，栄養学，医学，生理学など様々な分野から研究され，その必要量の解明もなされています。

それらのデータを基礎にして，厚生労働省では5年ごとに日本人の栄養所要量を見直し，また毎年国民栄養調査結果を発表しています。栄養所要量には性別・年齢別に，平均的な日本人が健康を保持・増進し，充実した生活活動を営むために一日に摂取することが望ましい栄養素の量が示されています。

しかし，この数値を実際の食生活に当てはめるには，一つ一つの食品の栄養量を計算し，その数値を栄養所要量で示された数値と合せなければならず，栄養士など専門家でなければできるものではありません。結局は，いろいろな栄養素を過不足なく摂るためには，よく言われる30品目以上の食材を食べる，ということになります。

では，どのような食材を選択したらよいのでしょうか。

日本人の食文化では，古来よりコンブやワカメなどの海藻を食べてきました。さらに，近年の研究・調査から，海藻やマイクロアルジェの摂取と健康に深い関係のあることが分かってきました。これらをふまえ，タンパク質・脂質・糖質といった科学的なバランスではなく，動物食・植物食・菌類食（キノコ類やみそなどの微生物発酵品）・藻類食（海藻やマイクロアルジェ）の4つの生物学的バランスで食べることが，自然の理にかなっているとした新しい栄養論「藻食論」が提唱されています。

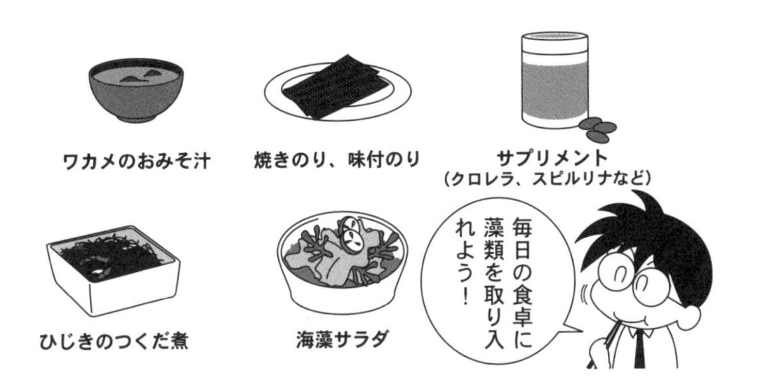

藻類を食べる習慣をつけよう

❏ 活性酸素から身体を守る抗酸化酵素

私たちは酸素を吸って生きています。酸素がなくては生きてゆけません。ところが，吸った酸素の約2%は体内で「活性酸素（フリーラジカル）」という反応性の高い酸素原子になります。活性酸素は，酵素反応の促進作用や白血球の殺菌作用といった有用な生理作用を示すものもあります。しかし，活性酸素の量が必要以上に増えてしまいますと，屋外に放置された鉄が赤くさびて朽ちてゆくように，身体がさびつく，つまり細胞が傷つき，酵素が破壊され，DNAにも問題が生じ始めます。これが長期にわたって続くと，やがてがんや循環器系疾患などさまざまな病気を引き起こすのです。

活性酸素が悪さをすることを「酸化」といい，その悪さを抑え込むことを「抗酸化」といいます。そして，その抑え込む物質を「抗酸化剤」といいます。抗酸化剤は身体のさび止めです。

抗酸化剤には体内で作られるものと，食べ物から得るものの二種類があります。体内で作られる抗酸化剤が，SOD（スーパーオキシドディスムターゼ）やカタラーゼといった酵素です。一方，食べ物から得る抗酸化剤は，カロテノイド，ビタミンC，ビタミンEといった栄養素です。この二種類の抗酸化剤（抗酸化酵素と抗酸化栄養素）が協力して，体内で生じた活性酸素を消去しくれます。

いろいろな動物のSOD量と平均寿命をグラフにすると，正の相関，つまりSOD量の多い動物ほど平均寿命が長いという関係が認められています。SOD量が多いということは，それだけ活性酸素の害を受けにくくなるということです。

SOD などの酵素を維持するためには，アミノ酸をバランスよく摂取することが大切です。食品中のアミノ酸は，食品によって，そのアミノ酸バランスが異なります。アミノ酸バランスは，必須アミノ酸（トリプトファン，リジン，メチオニン，フェニルアラニン，スレオニン，バリン，ロイシン，イソロイシン，ヒスチジン）で決まります。これらをしっかりと摂らなくてはなりませんので，できるだけいろいろな食品を食べましょう。

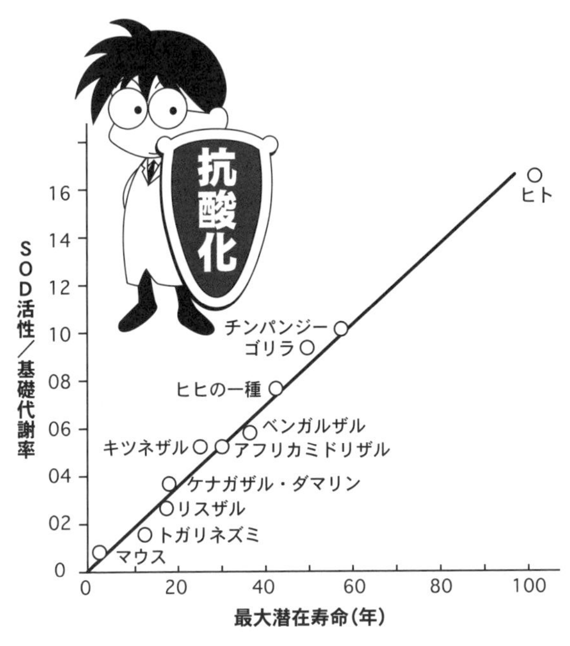

SOD 量が多い動物ほど平均寿命が長い！

（Cutler, "Gerontology",1983から作成）

❏ 抗酸化栄養素のエース

アミノ酸をバランスよく摂取することによって抗酸化酵素をできるだけ維持するわけですが，それでも残念ながら，青年期をピークに加齢とともにその量は減少してゆきます。したがって，抗酸化酵素が減少した分は，抗酸化栄養素で補助しなければなりません。

抗酸化が健康を維持するためにとても重要なことから，多くの研究者が抗酸化栄養素について研究をしています。その結果，世界中で抗酸化栄養素についての研究論文が発表されています。そんな中で，抗酸化栄養素のエースというものがあります。それはβ-カロテン（別名プロビタミンA），ビタミンC，ビタミンEです。これらビタミンのAとCとEを続けるとACE(エース）となります。これは，単に語呂合わせだけではなく，本当に私たちの体のさびを抑える抗酸化栄養素の第一人者です。

この三つの抗酸化栄養素は，それぞれ抗酸化能を働かせる活躍の場所が違いますし，その作用機序も異なります。しかしそれだけではなく，三者が協力して生体内で強い抗酸化作用を示すことが分かっています。油に溶けやすい（脂溶性）β-カロテンが，自身が活性酸素と反応して（酸化して），活性酸素を消去します。しかし，酸化したβ-カロテンは，そのままだと自身が活性酸素のような働き（ラジカル）をしてしまいます。そこで脂溶性のビタミンEが駆け付け，酸化したβ-カロテンからラジカルを受け取って自らは酸化してβ-カロテンを元に戻します。酸化したビタミンＥもそのままではラジカルとして働いてしましますので，ビタミンＣが駆け付けます。同様にして，酸化したビタミンＥからラジカルを受け取って自ら酸化し，ビタミンＥを元に戻します。酸化したビタミンＣは，水溶性のために尿中に溶け込み，体外へと排出されてゆきます。

このような協力体制で，エースは身体のさびから守ってくれています。

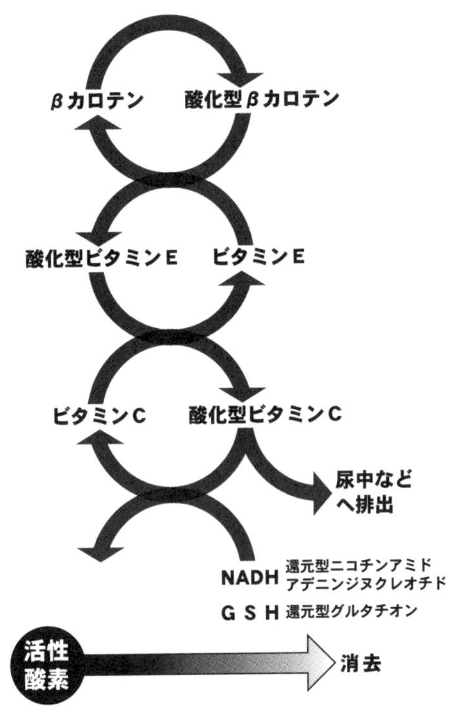

ビタミン ACE(エース)

❏ マイクロアルジェの栄養素と食品

日本では万葉の古からイシクラゲ（ネンジュモ）やスイゼンジノリなどが食べられていました。現在では，いろいろなマイクロアルジェを用いた食品が出回っています。クロレラ・パスタやスピルリナ・スムージー，デュナリエラ・パン，ユーグレナ・ラーメン，イシクラゲ・クッキーなどです。また，食品添加物の既存添加物365品目に，スピルリナ色素（主色素はフィコシアニン）やデュナリエラカロテン（主色素は β-カロテン），ヘマトコッカス藻色素（主色素はアスタキサンチン）が，着色料としていろいろな食品に広く使用されています。さらに一般飲食物添加物としてクロレラ粉末やクロレラエキスが利用されています。

ところで，ユーグレナが注目されているのは，「59種類の栄養素を含む」ことが宣伝されているのが一つの理由です。でも，ちょっと待ってください。アミノ酸だけで20種類を数えますが，アミノ酸は，どんなマイクロアルジェにも含まれています。それと同様に，高度不飽和脂肪酸やビタミン，ミネラルなどもユーグレナだけに含まれているのではありません。すべてのマイクロアルジェにこれらの栄養素は含まれています。太陽エネルギーをさまざまなエネルギー（栄養素などの有機物）に変換してくれているマイクロアルジェですから，どのマイクロアルジェにも50種類以上の栄養素が必ず含まれています。なかでもスピルリナは実に70種類の栄養素を含んでいます。

もちろん，それぞれの含有量に優劣の差はあります。代表的なクロレラ，スピルリナとユーグレナを比べてみましょう。ビタミン類はユーグレナが優秀です。特にビタミンB群とビタミンEは圧倒的に多いです。

ではミネラル（カルシウム，鉄，マグネシウム，カリウム）はどうでしょうか。ミネラルはスピルリナに多く含まれています。次にクロレラ，ユーグレナの順です。

最も基本となる三大栄養素のタンパク質，脂質，糖質も比較してみましょう。タンパク質は多い方からクロレラ，スピルリナ，ユーグレナの順。脂質はスピルリナ，クロレラ，ユーグレナで，糖質はユーグレナ，クロレラ，スピルリナの順となります。

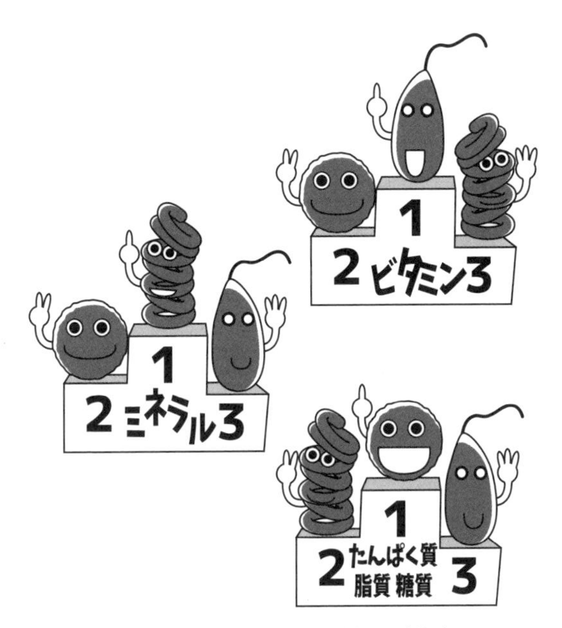

マイクロアルジェは栄養素が豊富

❏ 摂りすぎに注意！リノール酸

リノール酸やα-リノレン酸は生理活性物質の原料になり，細胞膜の膜脂質にも多く含まれています。しかし，動物は体内でこれらを合成することができないため，外から摂取することが必須となっています。

しかし，アレルギーを起こす炎症メディエーター（ロイコトリエン，プロスタグランジン，血小板活性因子）もリノール酸とα-リノレン酸から作られます。比較すると，リノール酸はα-リノレン酸よりも断然強くアレルギーを誘発することが分かりました。したがって，アレルギー症状の軽減のためには，α-リノレン酸を多く含む油脂を選ぶことが重要です。

また，リノール酸を多く摂取しすぎると炎症メディエーターを増やします。リノール酸から合成されるアラキドン酸は細胞膜の材料として必須ですが，アラキドン酸を代謝することで作られるプロスタグランジン2はIgE（免疫グロブリンE）も増やします。IgEが過剰に産生されると免疫過剰となり，アレルギーを引き起こします。

「でもリノール酸って体にいいんじゃないの？」と疑問に思われるかもしれません。30年以上前までは，必須脂肪酸であるリノール酸を積極的に摂取することが提唱されていました。その後，世界中で研究が進み，現在ではリノール酸系列油脂を摂り過ぎており，それが上述の通りアレルギーや循環器系疾患の原因となっていることが明らかとなりました。これを「リノール酸摂り過ぎ症候群」と呼んでいます。

アレルギー治療薬の多くは，アラキドン酸からプロスタグランジンを合成することを抑えることによって，アレルギーを抑制しています。このことからも，リノール酸は必須ではあるけれども，控えたほうが良いことが分かります。私たち日本人の標準的な食生活ではリノール酸系列の脂肪酸は十分に摂れています。アレルギーの原因となりにくいα-リノレン酸は健康に良いことで知られているEPAやDHAを体内で合成する原料でもあります。α-リノレン酸を意識しましょう。

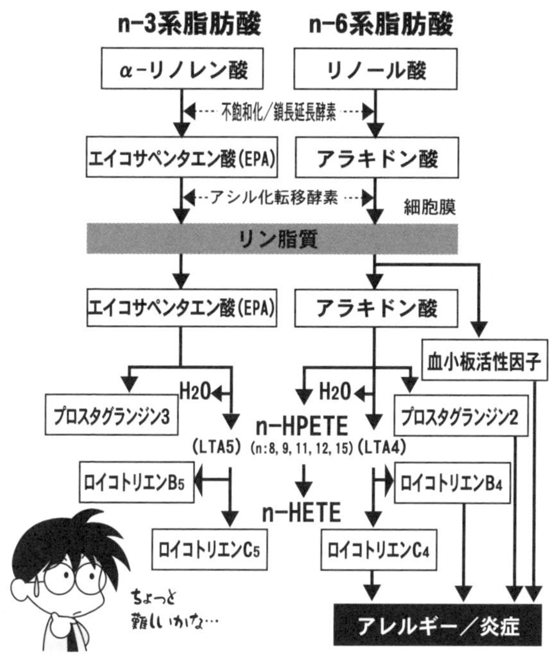

リノール酸 vs リノレン酸

❑ 化粧品への利用と医薬品開発

マイクロアルジェを用いた化粧品がたくさん販売されています。日本では新しく開発した化粧品の原料は,

1) アメリカパーソナルケア商品評議会の中の国際命名法委員会に申請して
2) 化粧品原料国際命名法にしたがって作成された化粧品成分の国際的表示名称（INCI 名）を取得して
3) その後に日本化粧品工業連合会で表示名称を取得する

という手順を踏まなければなりません。

このようにして表示名称を取得したのは，シアノバクテリアのスピルリナ，ノストック，スイゼンジノリ，フォルミジウム，

現在日本化粧品工業連合会に登録されている化粧品用マイクロアルジェ

緑藻類のクラミドカプサ，緑色植物のデュナリエラ，ヘマトコッカス，クロレラ，紅色植物のポルフィリディウム（チノリモ），ユーグレナ藻のユーグレナ，珪藻のファエオダクチルム，タラシオシラ，ハプト藻のプレウロクリシスといったマイクロアルジェのエキスです。

消費者の自然派化粧品志向はますます増大しています。そのなかでも特に，抗菌・抗かび剤が望まれており，マイクロアルジェの化粧品原料の開発はさらに進むものと思われます。

マイクロアルジェが医薬品に利用されている例は今のところありません。しかし，シアノバクテリアが産生する抗腫瘍活性物質が一部のリンパ腫に対する抗がん剤として2011年にアメリカで認可されました。

アメリカ国立がん研究所は，1900年代後半からシアノバクテリアを用いた抗がん剤の研究を精力的に進めています。また，日本でも渦鞭毛藻を使った抗がん剤開発が行われています。近い将来，マイクロアルジェ医薬品開発が期待されます。

III

マイクロアルジェの生理機能

13．β-カロテンのパワーが活きる

デュナリエラ

2006年3月30日から10日間，国際宇宙ステーションに滞在して地球に帰還した4種のマイクロアルジェのうちの2つが主にβ-カロテンを多量に生合成するデュナリエラ・サリーナと解毒作用をもつグルタチオンを産生するデュナリエラ・ターティオレクタでした。これらのほか，カロテノイドをつくり出すデュナリエラ・バーダウィルの3種が大量栽培されています。

❏ 紫外線を防御する効果

オゾン層の破壊は主に陸上の生物の命を脅かすことになりかねません。地上から20〜50キロメートルの上空に薄く広がるオゾン層は，太陽からの紫外線の99％を吸収し遮断するバリアの役目を果たしているのです。

オゾン層を破壊する特定フロンガスは1995年に生産が全廃されました。しかし，特定フロンは非常に安定した物質で空気よりも微妙に重い（約2〜2.8倍）ため，ゆっくりと拡散してゆき，ほとんど分解することなく約10〜20年をかけてオゾン層に達します。今，最後に生産された特定フロンがちょうどオゾン層に達したくらいでしょうか。特定フロンが紫外線の影響を受けて放出する塩素ラジカルは，触媒のような化学反応でなかなか減らずにオゾンを破壊し続けるのです。

今世紀半ばくらいからオゾン層が回復してくると予測されて

いますが，もうしばらくは減少が続きそうです。

オゾン層の量が1%減少すると紫外線は2%も増加するといわれています。長期にわたって紫外線を浴び続けると，正常な細胞のDNAが傷つき，老化を速めたり，皮膚がんの原因になると指摘されています。アメリカ環境保護庁の報告書では，オゾン層が1%減少すると，基底細胞がんという皮膚がんが4%，扁平上皮がんが6%も増加すると予測しています。この2種類の皮膚がんは日本人にも多くみられるものです。

デュナリエラから抽出したβ-カロテンを24週間投与し，その後臀部に紫外線を1分間照射した臨床研究があります。被験者の皮膚に紫外線を照射すると日焼けの紅斑ができましたが，被験者がβ-カロテンを摂取した場合には，紅斑が認められませんでした。欧米諸国では，デュナリエラβ-カロテンのサプリメントが「飲む日焼け止め」として市場に出回っています。

デュナリエラのβ - カロテンが紫外線から身体を守る

❑ 期待される抗がん作用

β-カロテンは体内で必要に応じてビタミンAに変わります。ビタミンAの抗がん作用は以前より報告されていました。その後，β-カロテンの抗酸化作用や免疫増強作用が報告され，ビタミンAとβ-カロテンの相互作用による抗がん作用が期待されるようになりました。また，疫学調査の結果，緑黄色野菜をたくさん食べるとがんになりにくいことが分かりました。さらに，血液中のカロテン量とがんの発症率について調べた研究で，血中カロテン量が多いほどがん発症率は低いことが報告されました。これらのことから，β-カロテンを豊富に含むデュナリエラの抗がん作用について大きな期待が寄せられています。

デュナリエラの抗がん作用について最初に発表されたのは1980年代後半です。ハムスターの口腔がんにデュナリエラから抽出したβ-カロテン（正確にはβ-カロテンを主とした複数のカロテノイド）を直接塗布したところ，がんの増殖が抑えられたのです。

デュナリエラ藻体での抗がん作用についての研究も行われました。1990年代初めに，日本の研究者がマウスの自然発症乳がんに対するデュナリエラの抗がん作用の研究を行いました。デュナリエラ藻体そのままを餌に混ぜてマウスに与えたところ，乳がんの発症ならびに増殖が抑制されることが分かりました。さらに詳細な研究の結果，デュナリエラは乳腺の正常細胞の増殖には影響を与えず，がん細胞の増殖のみを抑制する働きのあることが分かりました。

化学発がん物質によるラットの腎臓がんと膀胱がんに対するデュナリエラ藻体の効果も研究されました。ラットに化学発がん物質を投与してから，藻体を混ぜた餌を自由に与えました。その結果，腎臓がんも膀胱がんもデュナリエラを与えることでその発生が抑えられ，また増殖も抑えられました。

がんから身を守ってくれるデュナリエラ

❑ ストレス性胃潰瘍を予防する

約1万人の被験者の血液中のβ-カロテン量とストレス症候（イライラ，不眠，食欲不振，不調）との関係を調べたことがあります。その結果，血液中のβ-カロテン量が少ない人ほどストレスを受けていることが分かりました。

ところで，ストレスと胃潰瘍との間には「ストレス性胃潰瘍」と言われるくらい密接な関係があります。強酸性の胃液にも消化されない胃壁ですが，ストレスによって生じる活性酸素によって損傷を受けて胃潰瘍となります。

血液中のβ-カロテン量が多いとストレス症候が少なくなること，ストレスにより潰瘍が起こることから，β-カロテンをたくさん摂取すればストレス性の潰瘍が起きにくくなるのではないかと考えられます。また，胃で発生する活性酸素をβ-カロテンが消去することによっても潰瘍を防ぐことができるのではないかと考えられます。

デュナリエラを混ぜた餌を2週間自由摂取させておき，一日絶食させた後に，ラットを逃げられないよう拘束し，水浸してストレスを負荷しました（水浸拘束ストレス[3]）。このストレスにより，出血性の胃潰瘍を100％発症させることができます。

デュナリエラを与えたラットでは与えなかったラットよりも胃潰瘍の大きさが明らかに小さいという結果が得られました。

3　水浸拘束ストレスというのは，ラットを身動きできない狭い檻に入れ，胸まで水温17℃の水のなかに十数時間入れることによって起こさせるストレス。

これは，デュナリエラに含まれるβ-カロテンの効果です。

また，デュナリエラβ-カロテンと合成β-カロテンで同じ実験をしたところ，前者では効果がありましたが，後者では胃潰瘍の大きさは何も与えていないラットと同じでした。なぜでしょうか？

合成β-カロテンはオールトランス型β-カロテンであるのに対し，デュナリエラβ-カロテンにはオールトランス型と9-シス型がほぼ同量含まれています。9-シス型β-カロテンがストレス性胃潰瘍の予防に働くようです。

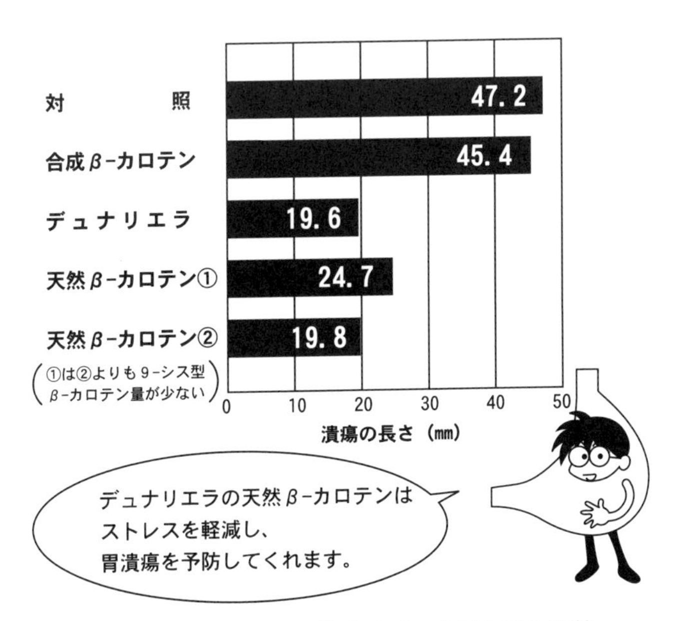

ストレス性胃潰瘍を予防するデュナリエラの天然β-カロテン

（Takenaka et al. “Planta Med.”, 1996から作成）

❑ がんと肥満を抑制する物質エボジアミン

黄色いβ-カロテンをあまり蓄積しない緑色のままのデュナリエラの一種がターティオレクタです。

ターティオレクタの生理作用は，血を固まりにくくする血小板凝集抑制作用，高コレステロール食を摂取したラットにおけるコレステロール上昇抑制作用，ヒト乳がん細胞を用いたがん細胞の増殖抑制作用，そしてラットでの中枢神経制御作用が報告されています。

ところで，エボジアミンという物質は，発熱効果や覚醒効果が報告されています。さらに最近の研究で，抗がん作用や脂肪の取り込み抑制作用が分かってきた注目の素材です。しかし，残念ながらエボジアミンは呉茱萸（ゴシュユ）という漢方薬にしか含まれていません。これでは薬事法によって一般に広く利用してもらうことができません。

呉茱萸以外の陸上植物には含まれていませんが，20 種類のマイクロアルジェを分析したところ，いくつかの種にエボジアミンが含まれていました。中でもターティオレクタが一番多かったのです。

エボジアミンを含むターティオレクタには痩身効果が期待されます。マウスに高脂肪食を与え 30℃の高温で飼育すると確実に肥満状態になります。この実験系で，高脂肪食の中にターティオレクタ藻体を混ぜて飼育した場合を比較しました。その結果，餌の摂取量は同じですが体重の増加が著しく抑えられました。ターティオレクタを与えられたマウスでは脂肪組織の重量が少なく，組織細胞が小さくなっていました。ターティオレクタが肥満化を抑えることが分かりました。さらに詳細な検討が行われ，繊維芽細胞増殖因子の中の FGF21 の発現が促進されていました。FGF21 は，肥満症や肥満症を発現する代謝異常に対する治療薬の開発に大いに期待されているものです。ターティオレクタが，今後ますます注目されるものと思います。

デュナリエラ・ターティオレクタがもつ物質エボジアンには，抗肥満，抗がん，コレステロール抑制，血液さらさらに効果があります

14. アスタキサンチンで疲れ知らず

ヘマトコッカス

緑色のヘマトコッカスは高温や低温・乾燥・高塩濃度・強い太陽光などの悪条件にさらされると，そのストレスに対応するために有用なカロテノイドのアスタキサンチンを多量に貯め込み，赤くなります。その性質を利用してアスタキサンチンを得るためにヘマトコッカスは大量栽培されています。

❑ アスタキサンチンに抗酸化と痩身効果

緑黄色野菜に含まれるβ-カロテンの抗酸化作用が報告されてから，リコピンやアスタキサンチンなどのカロテノイドにも抗酸化作用があるだろうと考えられて，多くの研究が行われました。その中で，アスタキサンチンの抗酸化活性がビタミンEの 1,000 倍もあることが分かり注目を集めました。

赤い身のサケ・マスは実は白身の魚です。アスタキサンチンを筋肉中に蓄積しているため，「サーモンピンク」になっています。サケは，産卵のために川を上る時にたくさんの酸素を取り込むため，体内で活性酸素が発生して筋肉に大きな負担がかかります。その活性酸素を消去するために，たくさんのアスタキサンチンを筋肉に蓄えていると考えられています。さらに，産卵の準備が始まると，メスはアスタキサンチンを卵（イクラ）に移行させます。これは，紫外線の影響を受けやすい浅瀬に卵を産み付けるために，卵の遺伝子（DNA）を紫外線から守るためだと考えられています。

アスタキサンチンには，サケの話から容易に連想できますが，抗酸化作用による抗疲労作用が報告されています。筋肉の疲労物質として乳酸が知られていましたが，疲労物質ではなく，その本態は筋肉細胞障害を引き起こす活性酸素であることが明らかになっています。マウスの遊泳実験では，アスタキサンチンを長期投与したマウスでは，遊泳時間が延長しました。アスタキサンチンの活性酸素消去能によるものと考察されています。

また，この実験では，併せて内臓脂肪の減少も認められました。運動時の筋肉収縮の主なエネルギー源は糖質と脂質で，通常は均等な割合で利用されます。アスタキサンチンが運動時に糖質よりも脂質の利用を促進したことにより，内臓脂肪が減少したと考えられています。ということは，運動を負荷した痩身にも効果が高いということです。

アスタキサンチンによって乳酸や内臓脂肪が減り，運動機能が高まります

❑ 脳と眼のアンチエイジング

脳と目は，生命活動を維持するために重要で，かつデリケートな器官です。脳には「血液脳関門」，眼には「血液網膜関門」という「関所」があり，不要な物質を通さないシステムがあります。脳や目に必要な栄養素だけを通すフィルターのようなシステムはとても厳重なもので，β-カロテンやビタミEなどの抗酸化物質でさえ通ることができません。しかし，アスタキサンチンは唯一血液脳関門を通過できるカロテノイドです。血液網膜関門を通過できるカロテノイドはアスタキサンチンとルテインの2つです。

脳は身体の中で最もたくさんの酸素を必要とする器官です。その重さは体重の約2％なのですが，消費エネルギーは全体の約20％を占め，呼吸の際に吸い込む酸素の30～50％を消費しているようです。酸素のあるところに必ず活性酸素があります。脳は活性酸素の恰好の標的になっています。抗酸化栄養素のエース（β-カロテン，ビタミンE，ビタミンC）が不在の脳では，脳内の毛細血管の抗酸化と血行改善が報告されているアスタキサンチンに活躍してもらうしかありません。

眼は加齢とともに，水晶体が白く濁り始め，光を通しにくくなる白内障が増えてきます。近年では手術で容易に治療することができますが，それでも白内障にならないほうがよいにこしたことはありません。白内障は，紫外線によって生じた活性酸素が水晶体を酸化して起きます。アスタキサンチンは抗酸化作用を発揮して，水晶体が酸化するのを未然に防ぎ，白内障の予防をしてくれます。

アスタキサンチンは眼精疲労を改善する作用も報告されています。眼球の周りにある毛様体筋は水晶体の厚みを変えてピント調節をしています。目を酷使すると，この筋肉が疲労し，調節機能がうまく働かなくなります。これを眼精疲労といいます。アスタキサンチンを１か月間摂取してもらうヒトでの研究で，ピント調節力が高まったことが報告されました。また，調節にかかる時間が短縮されることも報告されています。

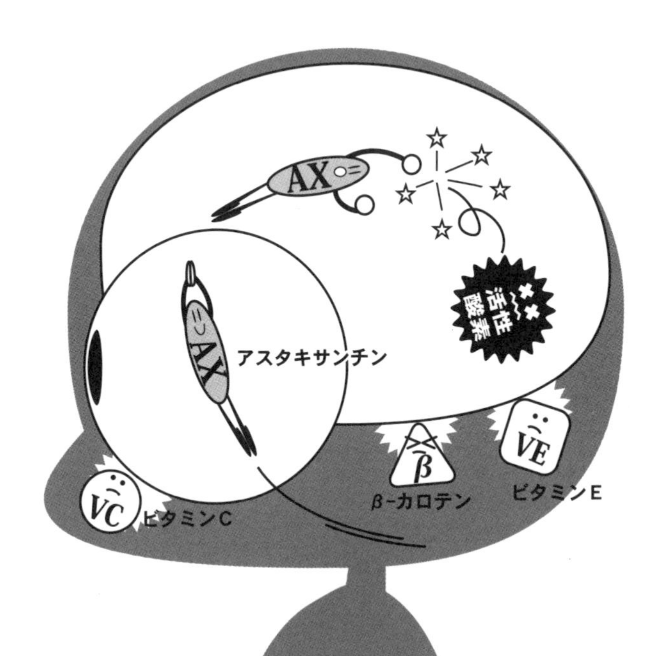

アスタキサンチンはβ-カロテンやビタミンC、ビタミンE
が入り込めない脳や眼の内部で、抗酸化作用を発揮します。

脳と眼に効くヘマトコッカスのアスタキサンチン

15. 生理物質パラミロンが専売特許

ユーグレナ（ミドリムシ）

ユーグレナとその抽出物パラミロンにはいろいろな生理機能があります。パラミロンは全生物中ユーグレナにしか含まれていないことから，特に注目を集めています。コレステロール抑制，抗がん，感染症予防，抗酸化作用，紫外線防御，血糖値抑制などさまざまな健康維持に効果があります。なかでも免疫活性化とデトックス効果に注目が集まっています。

❏ 血圧降下作用と血糖値を抑えるはたらき

ユーグレナ藻体を用いた研究では目覚ましい結果がでています。まずは，高血圧を抑制する働きです。ポリペプチドの一種アンジオテンシンⅡという生理活性物質は強い血圧上昇作用をもっています。このアンジオテンシンⅡを体内で作らせないか，その作用をブロックできる物質があれば血圧降下薬として用いることができるわけです。

ユーグレナ藻体は，アンジオテンシンⅡを作る変換酵素（ACE）の働きを止める働きがあると考えられています。ユーグレナ藻体を混ぜた餌で飼育したラットでは，肺の血管の内皮細胞の表面にあるACE活性は，ユーグレナを与えていないラットのそれよりも低かったという研究報告があります。

2型糖尿病（非インスリン依存性糖尿病）自然発症ラットを用いた実験では，ユーグレナ藻体と抽出したパラミロンの違いを見るために，それぞれを別に餌に混ぜてラットを飼育しました。2種類のラットに血糖値が上がるように糖を与えてみたところ，ユーグレナをそのまま与えたラットでは血糖値の上昇が抑えられていました。ところが，パラミロンのラットでは血糖値の上昇は抑えられたものの，ユーグレナ藻体のラットよりも効果が十分ではありませんでした。このことより，血糖値上昇抑制作用は，パラミロンだけでなく，ユーグレナの他の成分も関わっているのではないかと思われます。

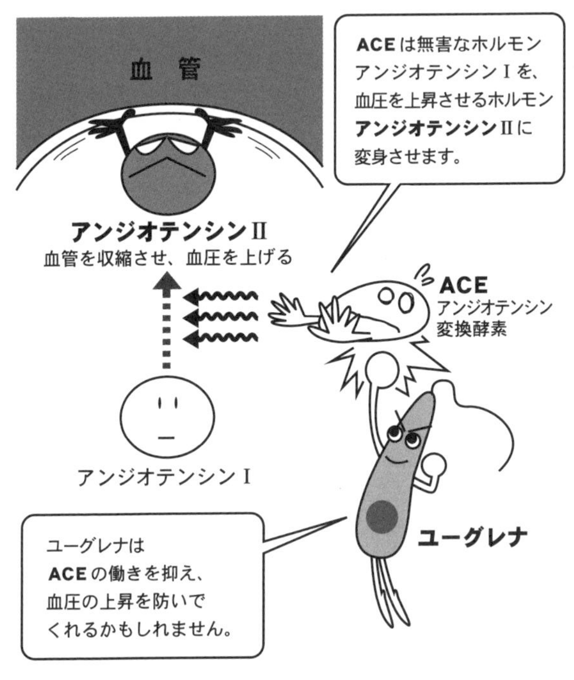

ユーグレナの藻体が血圧上昇を抑制

❑ エイズやがん，アトピーなどに有効「パラミロン」

多糖類のパラミロンはユーグレナ以外の生物ではつくることができない生理活性物質です。マウスやラットにパラミロンを添加した餌を与える実験では，以下のような結果が得られています。

1）人為的にアトピー性皮膚炎様の症状を発症させ，その時の免疫能について比較したところ，ヘルパーT 細胞が活性化されて，炎症が抑えられていました。

2）化学物質を投与して急性肝障害を誘発する実験で，パラミロンを食べさせたものは肝障害の度合いが軽減されました。

3）発がん物質を投与して大腸に腫瘍を発生させる実験では，パラミロンを餌に混合して投与すると大腸腫瘍の発生が減少し，腫瘍の増殖を抑制することが分かりました。

4）肺がんと乳がんの細胞を用いた実験では，がん細胞にアポトーシス（自殺死）を誘導するという結果がでました。

5）胃潰瘍が発生しやすく改良したラットを強制的に泳がせて肉体的・精神的なストレスを与える実験では，パラミロンを与えたラットは，与えていない個体より胃潰瘍の程度が小さくすみました。

6）高齢者の方を被験者にした場合では，パラミロンを 8 週間摂取してもらったところ，ヘルパーT 細胞が誘導され，また白血球の一種の好塩基球（顆粒球）が増加し，さらに，免疫で重要な役目をもつマクロファージが活性化することが分かりました。

そのほか，腸内の不要な物質を吸着して体外に排出し，血液中のコレステロール値を低下することが報告されています。

ところで，硫酸化多糖類の多くには抗ウイルス活性があります。そこでパラミロンの構造の一部を化学的に変化させた硫酸化パラミロンとノーマルのパラミロンを用いてエイズウイルス（HIV）の感染を調べました。すると，硫酸化パラミロンはHIVのリンパ球細胞への結合を強く阻害しましたがノーマルパラミロンではHIVの結合を阻害できませんでした。

パラミロンはユーグレナだけがつくれる有効成分

16. ウイルスに負けない体をつくる

スピルリナ（アルスロスピラ）

ラテン語で「ねじれた」という意味の名前のとおり，らせん型をしています。前述したように，野生のフラミンゴの赤色の要因になっています。サプリメントや色素の原料となっているのは現在の分類では近い種のアルスロスピラ（オルソスピラ）属でスピルリナではありません。以前はスピルリナ属とされていたため，この呼び名が商品名として定着しています。

❏ 抗ウイルス作用

スピルリナには血清の脂質を調節する作用やがん予防効果など多くの研究成果があります。血清脂質調節作用はスピルリナが食物繊維として働いた結果です。がん予防効果はβ-カロテンの効果と思われます。これらの生理作用も大変重要ですが，最も注目されているのが抗ウイルス作用です。

1996年に世界保健機関（WHO）が

「この20年で治療方法もワクチンもない新しい疾患が30種類も見つかった。その中でも特に注目されるのが，エイズ（HIV），エボラ熱，クロイツフェルト・ヤコブ病の新型である。マラリア，結核，デング熱やコレラのように（先進国では）根絶しえたと思っていた過去の主要伝染病の復活は言うに及ばない。我々は感染症の世界的な危機の中にある。安全な国はなく，どの国も目を背けることはできない。」

と発表しました。実際に，21世紀に入ると，中国広東省を中心とした重症急性肺症候群（SARS：新型肺炎）や東南アジアで高病原性鳥インフルエンザが流行しました。人から人へ感染するように変異する可能性もあり，今後ますます脅威にさらされるものと思います。

スピルリナの熱水抽出物の硫酸化多糖には強い抗ウイルス活性のあることが報告され，「カルシウム・スピルラン」と命名されました。しかし，カルシウム・スピルランは商業的に大量栽培している2種のうちアルスロスピラ・プラテンシスには含まれますが，アルスロスピラ・マキシマには含まれません。

カルシウム・スピルランは，単純ヘルペスウイルス，インフルエンザウイルス，ヒトサイトメガロウイルス，麻疹ウイルス，エイズウイルス等の増殖を抑制することが分かりました。

スピルリナの抗ウイルス作用

❏ 免疫機能を強化してエイズに効果

スピルリナ（アルスロスピラ）による免疫の活性化についても多くの研究があります。

マウスの実験では，スピルリナがマクロファージを活性化することが分かっています。この研究については，今なお多くの新たな報告があります。

スピルリナの熱水抽出物を健常な男性に数週間から数か月与えたところ，自然免疫で大変重要なナチュラルキラー細胞（NK細胞）の活性が増強したといいます。

獲得免疫への関わりについても多くの報告があります。スピルリナが抗体を産生するB細胞を活性化することがマウス実験で明らかにされています。また，研究者によって実験に用いた抗原が違っていたにもかかわらず，すべての実験で抗体産生を促進する結果が得られました。したがって，スピルリナはどのような抗原に対しても確実に抗体産生を促すということで，多種多様な病原菌・ウイルスに対して有効ということです。

では，獲得免疫の司令塔であるT細胞への影響についてはどうでしょうか。スピルリナは獲得免疫に対しても活性化することが多くの研究で明らかになっています。

エイズ（HIV）患者にスピルリナを投与した研究があります。エイズ患者の特徴として，ヘルパーT細胞とキラーT細胞が減少し，その結果免疫能が低下してさまざまな感染症にかかりやすくなります。エイズ患者がスピルリナを一年間摂取したところ，キラーT細胞には変化は認められませんでしたが，ヘルパーT細胞が著しく増加していました。それにあわせてHIVウイルス量が減少していました。

スピルリナで免疫能パワーアップ！

17. 生活習慣病対策

クロレラ

19世紀末に発見され，最初は食料として植物性タンパク質を得るために研究されてきました。タンパク質源としての研究は生産コストの問題から終りましたが，その後も栄養学的，薬理学的研究が精力的に進められてきました。1960年代に胃潰瘍に対する効果が報告されて以来，多くの研究が行われるようになりました。

❏ 生活習慣病対策の草分け

クロレラには創傷，便秘，白血球減少症，糖尿病，幼児の発育などに対する効果があります。また，血清コレステロール値を低下させ，血中脂質値を正常化させる効果のあることも多くの研究で明らかになっています。

ラットやウサギに高コレステロール食を投与すると，血清コレステロール値が上昇します。しかし，この時にクロレラを一緒に与えてやると，血清コレステロール値の上昇が抑えられます。さらに，あらかじめ高コレステロール食を与えて高コレステロール血症状態にしたラットにクロレラを投与したところ，血清コレステロール値が著しく低下しました。また，ウサギの実験的動脈硬化症の進行も，クロレラの投与によって抑制されました。これら動物実験で確認された血清コレステロール値の低下作用は，クロレラの食物繊維とクロロフィルが脂質を消化するための胆汁の分泌やコレステロールの吸収を抑制して，体外への排泄を促進することによるものと考えられています。

ヒトの実証試験でも同じようなコレステロール低下作用が確認されています。高脂血症と診断され，他に合併症がなく，まだ治療薬等を投与されていない 9 名に対して，食事や運動などの生活指導を特別に行うことなく 12 か月間にわたりクロレラを食べてもらったところ，血清中の総コレステロールと LDL（悪玉）コレステロールの値があきらかに低下しました。

また，高血圧患者に対してのクロレラの効果についても研究されています。軽症の高血圧症で，まだ治療薬等を投与されていない 23 名の患者について，13 名にクロレラを投与し，残り 10 名には生活指導を行って 6 か月間の経過を観察しました。その結果，3 か月後から，クロレラを投与したグループは収縮期血圧と拡張期血圧が，生活指導だけの 10 名よりも低下していました。

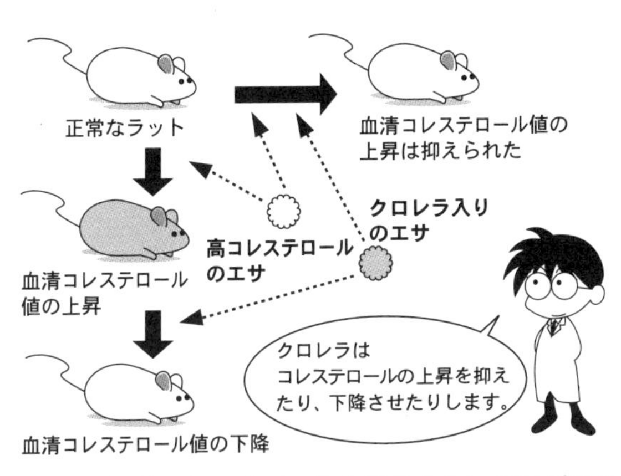

クロレラにはコレステロールを増やさない作用がある

❏ 日本で発展したクロレラ免疫研究

免疫にかかわるクロレラの研究は，日本人の研究者たちによって発展しました。

白血球やマクロファージは血液内を自由に移動して自然免疫の機能を発揮しますが，クロレラエキスを投与したラットは投与していないラットに比べて，病原菌の大腸菌やリステリア菌に対するマクロファージやNK細胞が活性化します。また，数種のがん細胞に対するヘルパーT細胞，キラーT細胞，B細胞のいずれも活性化することが分かりました。クロレラ錠剤を健常人に12週間摂取させた結果では，NK活性が上がり，ヘルパーT細胞も活性化されていました。

❏ 善玉菌の味方クロレラCGF

クロレラの生理作用を述べる際に必ず最初に出てくるのがCGF（クロレラ成長促進因子）です。生物の成長を促進させ，衰えた細胞を若返らせる作用をもつ物質で，糖ペプチドと考えられています。クロレラ藻体を熱湯で抽出したクロレラエキスをマウスに与えたさまざまな研究の結果，クロレラエキスが成長を促進するという事実が分かりました。ところが，それがどういった物質の作用なのかがはっきりしませんでした。そこで，クロレラに含まれている成長促進物質ということでCGFと呼びました。このCGFは動物の細胞を元気にさせるだけではなく，酵母や乳酸菌の成長も促進することが報告されていました。

さて，1935年（昭和10年）に販売が始まった乳酸菌飲料の「ヤクルト」ですが，その乳酸菌（シロタ菌）の培養期間短縮や強力な乳酸菌育種のためにクロレラを利用しました。そして，1960 年に商品名を「クロレラヤクルト」と改め，容器がビンからプラスチック容器に変更された 1968 年まで使われました。

乳酸菌は実は私たちのおなかの中にも腸内細菌として存在しています。腸内には約 100 種類，100 兆個もの細菌が住みついています。これらは大きく有用菌（善玉菌），有害菌（悪玉菌），日和見菌に分けられます。日和見菌は，善玉菌が元気な時は善玉菌に似た働きをし，逆に悪玉菌が優勢な時は悪玉菌の仲間になってしまいます。善玉菌が元気なほど，腸管免疫が活発に働き健康になります。その善玉菌の代表が乳酸菌です。最近では健康に役立つ乳酸菌などの有用菌を総称して「プロバイオティクス」と呼んでいます。また，有用菌を元気にさせる餌を「プレバイオティクス」と呼びますが，クロレラはプレバイオティクスの代表です。

善玉菌の味方，クロレラ CGF

18. コレステロールと免疫活性

イシクラゲ／髪菜

イシクラゲと髪菜(ファーツァイ)は，乾燥に非常に強い陸生のシアノバクテリアです。100 年以上乾燥状態で保存されていたイシクラゲの標本を培養液に浸したところ増殖し始めたそうです。寒暖差が非常に大きく乾燥した沙漠に生育する髪菜の生命力の強さにも驚かされます。

❏ イシクラゲの多様な生理作用

乾燥したイシクラゲのコロニーには高い保水力がある二糖類のトレハロースが蓄積しており，これが乾燥耐性に深く関わっていると考えられています。イシクラゲの生理作用については多くの研究報告があります。イシクラゲの成分を分析すると，糖質が 55％を占めます。この糖質の大半が多糖類です。この多糖類について，抗酸化作用が報告されています。イシクラゲの多糖類は，活性酸素の中で最も酸化力の強いヒドロキシラジカルを消去します。

高コレステロール食をラットに与えると血中のコレステロール値が上昇します。この時にイシクラゲ多糖類を与えると，血中コレステロール値の上昇が抑制されることが分かりました。特に，LDL コレステロール（悪玉コレステロール）の上昇が抑えられていました。イシクラゲ多糖類が食物繊維として働いたと思われます。

イシクラゲ多糖類を投与したマウスにリステリア菌（食中毒

菌）を腹腔内投与し，一定時間後の脾臓中のリステリア菌数を測定したところ，イシクラゲを投与したマウスでは，その菌数が減少していました。メカニズムまでは解明されていませんが，イシクラゲ多糖類が免疫能を活性させたことによるものと考えられています。

ヒトの肺がん細胞と直腸がん細胞を用いた研究では，イシクラゲ多糖類が，両がん細胞ともその増殖を抑制しました。正常細胞についても同様の実験を行いましたが，正常細胞の増殖には影響を与えませんでした。これはイシクラゲ多糖類ががん細胞のアポトーシス（自殺作用）を誘導したことによるものと分かりました。また，小細胞肺がんの細胞を用いた研究では，がん細胞が他の組織に広がってゆくのを抑制することも報告されています。

イシクラゲ

❏ 安全な日焼け止めから白血病治療まで

現在市販されている紫外線吸収作用のある（日焼け止めの）製品はほとんどが化学合成した物質で作られています。しかし，その製造工程は環境にやさしくない化学物質ができてしまう恐れがあり，日常的に用いると健康にもあまりよくありません。

ところで，海産動物や藻類，マイクロアルジェ，菌類が作りだすマイコスポリン（ミコスポリン）というアミノ酸には優れた紫外線吸収作用があります。マイコスポリンの構造によく似たマイコスポリン様アミノ酸（MAAs；マース）にも優れた紫外線吸収作用があり，さらに適度な保湿作用ももっています。しかし，このマースは抽出が難しく，魚介類からは極めてわずかしか取り出すことができません。そのため，実用化にはもう少し時間がかかります。イシクラゲにはこのマースがたくさん含まれています。大量生産を目指して，いろいろな条件下でさらにたくさんのマースを作らせる研究が行われています。

また，イシクラゲには，紫外線吸収作用のある物質スキトネミンと還元型スキトネミンが含まれています。両者とも抗酸化作用が認められています。還元型スキトネミンは高いオートファジー性細胞死誘導作用をもっていて，これを投与するとがんの細胞死が誘導され増殖を抑制することができます。ちなみに 2016 年，大隅良典教授がノーベル生理学・医学賞を受賞した理由は，世界で初めて分子レベルでのオートファジーのメカニズムの解明に成功した功績によるものでした。

さらに，イシクラゲから新規物質が発見されました。イシクラゲから，その抗酸化活性の機能を目的として得た物質を分画，単離，精製したものがノストシオノンです。これは抗酸化作用のほか，にきびの原因菌であるアクネ菌への抗菌作用や，アポトーシス誘導死によるヒト白血病細胞などのがん細胞増殖抑制作用をもっています。

これらのように，多彩な生理作用をもつイシクラゲの研究は現在，世界中で精力的に行われています。

イシクラゲでUVカット！

❑ 過酷な沙漠で育つ髪菜（ファーツァイ）の生命力の秘密

髪菜は雨がほとんど降らない中国からモンゴル，中央アジア諸国，スロバキアにかけてと，北アフリカのモロッコなどの乾燥地帯の昼と夜の気温差が非常に大きな厳しい環境下で生育しています。そのあふれる生命力が中国で不老長寿の食べ物とされた理由であろうと思われます。髪菜は約57％が糖質で構成されていて，その大半は人間が消化できない多糖類です。そこで，まず考えられるのは，髪菜の多糖類が食物繊維として働いてくれないだろうかということです。

高コレステロール食に髪菜を添加した餌料で飼育したラットでの研究があります。ラットに高コレステロール餌料を与えると，血液中のコレステロールなどが上昇します。髪菜の有無にかかわらず，ラットの摂餌量は変わらなかったのですが，髪菜添加餌料を食べたラットの体重の増加量は髪菜を食べていないラットよりも少なくなっていました。さらに，血液中のコレステロールも肝臓中のコレステロールもともに，髪菜を食べているラットの方が低い値を示しました。髪菜の多糖類が食物繊維として働いた可能性があると考察されています。

2型糖尿病（非インスリン依存性糖尿病）自然発症ラットを用いた研究では，髪菜藻体だけでなく髪菜の熱水抽出物（髪菜エキス）も用いています。髪菜エキスは多糖類が濃縮された状態になっています。2型糖尿病自然発症ラットを基本餌料，髪菜藻体添加餌料，髪菜エキス添加餌料でそれぞれ飼育しました。基本餌料で飼育したラットの血糖値上昇に比べ，髪菜飼育ラットと髪菜エキス飼育ラットの血糖値上昇が著しく抑えられていました。また，血中コレステロール量も抑えられていました。体重はいずれも変わりませんでしたが，髪菜藻体飼育ラットと髪菜エキス飼育ラットの脂肪組織重量が少なくなっていました。これらの効果は，髪菜エキスの方が優れていて，多糖類が食物繊維として働いた結果と思われます。

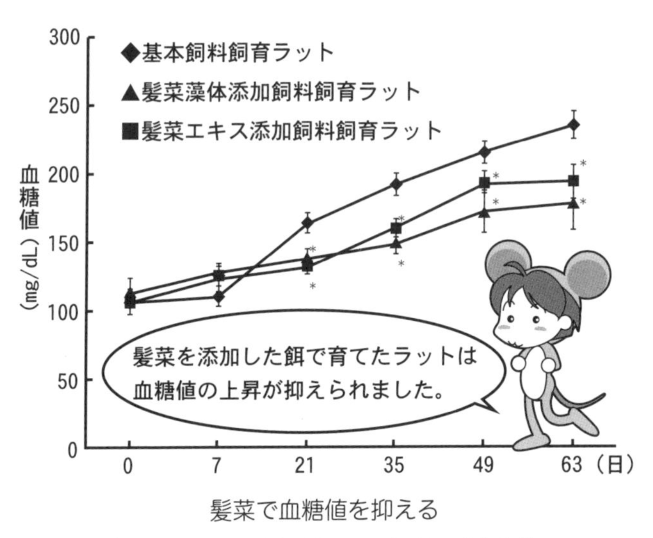

髪菜で血糖値を抑える

(Takenaka et al., "Algal Resoures", 2015 より作成)

❏ 最強の抗ウイルス多糖類ノストフラン

多糖類は抗体をつくりだすマクロファージの活性化に関与して，免疫力を高める機能をもっています。固形肉腫を移植したマウスに，熱水で髪菜から抽出したエキスを投与して飼育する実験を行いました。すると，髪菜エキスを投与したマウスの腹腔マクロファージが，エキスを投与していない担腫瘍マウスに比べて2.7倍も活性化されたことが分かったのです。

また，ラットに特異的に大腸がんと膀胱がんを発症させる化学物質を与えた後，髪菜を添加した餌で飼育したものと，添加していない餌で飼育したものを比較した研究もあります。その結果，大腸がんも膀胱がんも，髪菜を食べたラットでは食べていないラットに比べて発生したがん細胞は小さく，また組織学的にも軽度でした。髪菜の多糖類が免疫を活性化し，がん細胞の発生・増殖を抑えたと考えられます。

また，髪菜の多糖類についても抗ウイルス作用の研究が行われました。その結果，インフルエンザウイルスや単純ヘルペスウイルスなどエンベロープ（膜状の構造）をもつウイルスに対して抗ウイルス作用を示すことが分かりました。ウイルスが宿主細胞に吸着・侵入するところを髪菜の多糖類がブロックしたのです。

この抗ウイルス作用の極めて強い多糖類は「ノストフラン」と命名されました。マウスに，ノストフランを含む髪菜エキスを投与してインフルエンザウイルスを感染させた研究では，髪菜エキスを与えないマウスが全部死んでしまったのに対して髪菜エキス投与では生き残るマウスがいました。これらのマウスの糞便中の免疫グロブリン IgA を測定したところ，髪菜エキスを投与されたマウスでは IgA が著しく増えていました。さらに，髪菜エキスをヒトに投与し，一定時間後の唾液中の IgA を測定したところ，水を投与した時よりも著しく IgA が増えていたと報告されています。髪菜エキスが腸管免疫を活性化していることが明らかとなりました。

ノストフランの生理作用

19. 新しい生理作用が期待できる
有望なマイクロアルジェたち

❏ 最悪の耐性菌 MRSA への抗菌効果プレウロクリシス

ハプト藻に属するプレウロクリシスの特徴は細胞の周りに付着する炭酸カルシウム（ココリス）です。カルシウム供給源としてのココリスだけでなく，α-リノレン酸，ビタミン B_{12} を含むほか，薬剤耐性菌にも効果があることが分かってきました。

まず，カルシウムの効果です。10 名のボランティアにプレウロクリシス藻体のカプセルを 3 か月間～半年間自由に摂取してもらい骨の状態を測定したところ，個人差はありましたが，全員の骨の質が向上していました。

プレウロクリシスには脂質が約 10％含まれています。その脂肪酸を分析したところ，すぐれた生理機能をもつ α -リノレン酸や EPA(エイコサペンタエン酸)，DHA(ドコサヘキサエン酸）といった n-3 系高度不飽和脂肪酸が全脂肪酸の 25％を占めていました。

また，プレウロクリシスはビタミン B_{12} を多く含んでいます。ビタミン B_{12} は抗悪性貧血ビタミンといわれ，正常な赤血球を作るのに不可欠です。B_{12} はスピルリナにも含まれているといわれていましたが，スピルリナがもっているのはシュードビタミン B_{12} というもので，私たちがいくら食べてビタミン B_{12} として働いてくれないことがわかってきました。

プレウロクリシスのビタミン B_{12} は，ヒトの細胞内で生理活性を示す「補酵素型ビタミン B_{12}」であることが分かっています。ビタミン B_{12} 欠乏ラットを用いた実験で，プレウロクリシス藻体を投与すると欠乏状態が回復しました。

近年，話題になることが多い MRSA は最強といわれる抗生物質メチシリンに対する薬剤耐性を獲得した黄色ブドウ球菌のことです。もちろんメチシリン以外の多くの抗生物質に対しても耐性をもち，「薬の効かない病原菌」なのです。院内感染を引き起こして患者が死亡する事故を起こし，しばしば社会的な問題となっています。

プレウロクリシスの抽出物には MRSA に対する抗菌作用が報告されています。天然の生物から抽出される抗菌活性剤は，副作用が少ないのが特徴でこれまで耐性菌が出たという報告はほとんどありません。

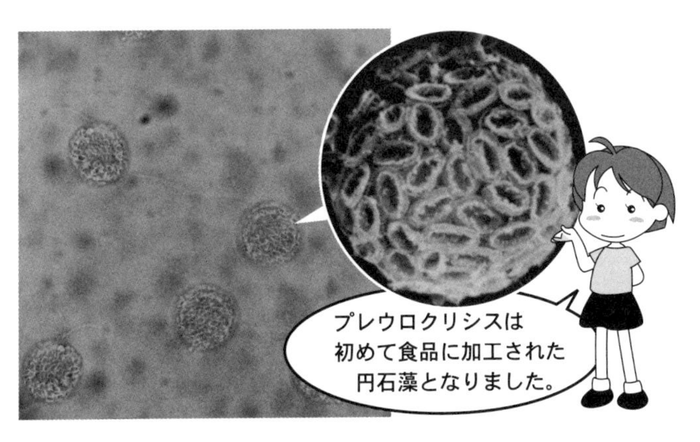

プレウロクリシス

❏ スイゼンジノリに多糖類サクラン発見

スイゼンジノリのエキスから「サクラン」と名付けられた多糖類が発見されました。ラットの足底に浮腫を発生させた後にサクランを塗布すると，浮腫の度合いが軽減されました。今後さまざまな生理作用の研究が期待されます。

スイゼンジノリの多糖類を与えたラットと与えていないラットの血液中の総コレステロールを比較したところ，多糖類を与えられたラットの肝臓中の総コレステロール値が，著しく低い値になっていました。これはスイゼンジノリの多糖類が食物繊維として働いたものと考えられています。

スイゼンジノリのエキスを1日1回，7日間強制的に食べさせたマウスに，食中毒菌のリステリア菌を腹腔内に直接接種した後，脾臓中のリステリア菌数を比較した研究があります。その結果は，エキスを与えたマウスでは，エキスの代わりに水を与えたマウスよりもリステリア菌数が明らかに少なくなっていました。エキスによって免疫機能のマクロファージやT細胞が活性化されたと思われます。

スイゼンジノリのエキスについては，抗ウイルス作用も報告されています。単純ヘルペスウイルス2型とインフルエンザウイルスに対して抗ウイルス作用が認められました。

スイゼンジノリからメタノールで抽出した物質に抗酸化作用があるという研究があります。脂質の過酸化を抑制する試験では，この抽出した物質に強い抗酸化作用が認められました。また，この抽出物0.02％の濃度で，抗酸化剤のαトコフェロールやBHA（ブチルヒドロキシアニソール）よりも強い抗酸化活性であったと報告されています。

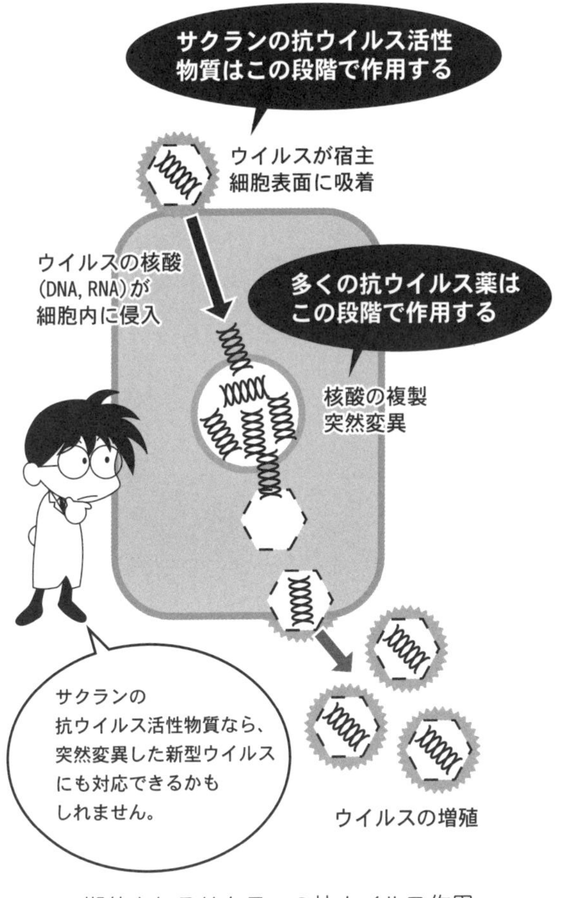

期待されるサクランの抗ウイルス作用

❑ ノストコプシスでアレルギーと血糖値を抑制 ――

ノストコプシスには，スピルリナから抽出されていくつも商品化されているフィコシアニンという有用な色素が含まれていたり，アレルギーを強力に抑制したり，血糖値上昇を抑制する作用があることが分かっています。

アレルギーはヒスタミンなど炎症メディエーターとなる物質が免疫細胞（マスト細胞）から過剰に放出さるために起こります。したがって，炎症メディエーターの放出を抑制すれば，アレルギー発症が抑えられることになります。実際に「クロモグリク酸ナトリウム」など，その機能をもつ医薬品が開発されています。

炎症メディエーターの放出にはヒアルロニダーゼという酵素が関わっています。この酵素が免疫細胞に働くと，免疫細胞から炎症メディエーターが放出されるのです。したがって，この酵素活性を抑えれば炎症メディエーターの放出が抑制され，アレルギー炎症が起きないわけです。

いろいろなマイクロアルジェについて，このヒアルロニダーゼの酵素作用を抑える「ヒアルロニダーゼ阻害作用」を調べた研究があります。スピルリナやデュナリエラ，ポルフィリディウムから熱水で抽出したエキスに抗ヒアルロニダーゼ阻害作用が認められました。その活性の強さはクロモグリク酸ナトリウムに匹敵するといいます。ところが，その後の研究で，クロモグリク酸ナトリウムの5倍も強い活性がノストコプシスのエキスにあったという研究成果がでています。

また，ラットにノストコプシスエキスを強制的に食べさせ，続けて糖の一種のマルトースも強制的に食べさせて，一定時間ごとに血糖値を測定した研究があります。その結果，ノストコプシスエキスが食後の血糖値上昇を遅延させる効果のあることが分かりました。

スピルリナ	0.15
デュナリエラ	0.15
ポルフィリディウム	0.18
クロモグリク酸ナトリウム (抗アレルギー薬)	0.14
ノストコプシス	0.026

ノストコプシスほか３種のマイクロアルジェと抗アレルギー薬で，アレルギー抑制効果を比較しました（ヒアルロニダーゼの活性を50%抑える濃度(mg/ml)。数値が低いほど抑制効果が大きい）
※ヒアルロニダーゼはヒスタミンの放出に関与することでアレルギー発生に関わっていると考えられている酵素です。
(Fujitani et al., “J. Appl. Phyco.”, 2001／Sakaki et al.,“Algal Resoures”, 2012 より作成)

❑ 将来有望なマイクロアルジェたち

太陽エネルギーを多糖類など別の形のエネルギーに変換するマイクロアルジェは，いろいろな生理活性物質の宝庫です。これまでは，すでに大量栽培が成功して生産されているものや研究実証がある程度進んでいるマイクロアルジェについて，その生理作用を中心に述べてきました。世界ではたくさんのマイクロアルジェに新しい生理作用を期待して，日夜研究が精力的に行われています。その例をいくつかご紹介します。

①葛仙米（シアノバクテリア）から紫外線吸収物質マイコスポリン様アミノ酸の新規物質が見つかっています。

②アシツキ（シアノバクテリア）から抗菌作用のある高度不飽和脂肪酸が見つかっています。

③リングビア（シアノバクテリア）とフォルミディウム（シアノバクテリア）からは抗エイズウイルス作用をもつ「スフォリピッド」という新規の生理活性物質が4種類見つかっています。

④オシラトリア（シアノバクテリア）からは，卵の分割を阻害するオシラオライドという物質が見つかっています。この卵割阻害物質には制がん剤としての可能性が期待されています。

⑤酵素阻害物質が数種類のマイクロアルジェから見つかっています。なかでもアナベナ（シアノバクテリア）から得られた生理活性物質は，α-アミラーゼを強く阻害すること

が分かっています。こういった酵素阻害物質は，糖尿病や肥満，高脂血症などの治療と予防にとても有効であると考えられています。

⑥セネデスムス（イカダモ）から軽度認知症や冠動脈疾患に関わる酵素が見つかっています。

⑦アレキサンドリウム（渦鞭毛藻）からは，ゴニオドミンAというカビの発生を阻害する物質が見つかっています。

葛仙米

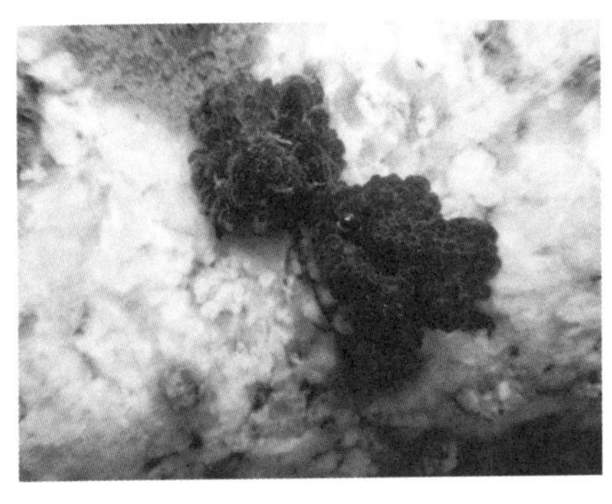

水中のアシツキ

Ⅳ

宇宙と植物科学文明の未来へ

20. 未来に馳せる夢

宇宙開発とマイクロアルジェ

宇宙旅行が現実味を帯びてきました。宇宙で暮らす時代もそう遠くないように思えます。しかし，宇宙で暮らすためには数多くの課題があります。その中でも最初に解決しなくてはならないのが，酸素と食糧と水です。そこで登場するのがマイクロアルジェです。

❏ スペースコロニーで暮らす

宇宙で暮らすという考え（宇宙開発）は，実は以前からありました。宇宙空間や惑星の表面で暮らすには，閉鎖系の住居施設を建設することによって実現可能です。太陽系を離れない限り太陽光はありますから，マイクロアルジェは光合成によって酸素を放出してくれます。光合成に必要な二酸化炭素は人間が排出します。また，マイクロアルジェが増殖するためには窒素が必要ですが，これも人間が排泄します。光合成効率の良いマイクロアルジェであれば，培養液１リットル当たり，15〜38グラムの酸素を発生します。単純計算で，24〜60リットル程度マイクロアルジェを栽培すれば，一人の人間が一日に必要とする酸素を得られることになります。

次に食糧ですが，これまで述べてきましたように，マイクロアルジェはタンパク質や脂質，糖質，各種ビタミンなどを作ってくれます。いろいろなマイクロアルジェをうまく組み合わせれば，栄養バランスの良い食糧を得ることが可能です。

閉鎖された環境下では，水の総量はほとんど変化しません。人間の食料に含まれている水分は，排泄物となって体外に出ます。これをマイクロアルジェの栽培に利用します。また，蒸留するなどして浄化すれば水はリサイクルできます。不足する分は水素と酸素を反応させることで，水とエネルギーの両方を得ることができます。宇宙で使う他のいろいろなものについても，マイクロアルジェから作るバイオマテリアルを利用すれば，かなりのところはまかなえるのではないでしょうか。

マイクロアルジェは，高等植物のように重力の影響を考える必要がないため，宇宙での利用に適しています。ただ，地球を飛び立つときの大気圏の強力な磁場や宇宙での宇宙線(放射線)の影響が心配です。2006 年に国際宇宙ステーション（ISS）に 4 種のマイクロアルジェ(イシクラゲ，デュナリエラ・サリーナ，デュナリエラ・ターティオレクタ，プレウロクリシス）が搭載されました。大半が死滅しましたが，生き残った株は地上に戻り，宇宙開発のためのマイクロアルジェの応用研究に役立っています（カラー頁 *8*)。

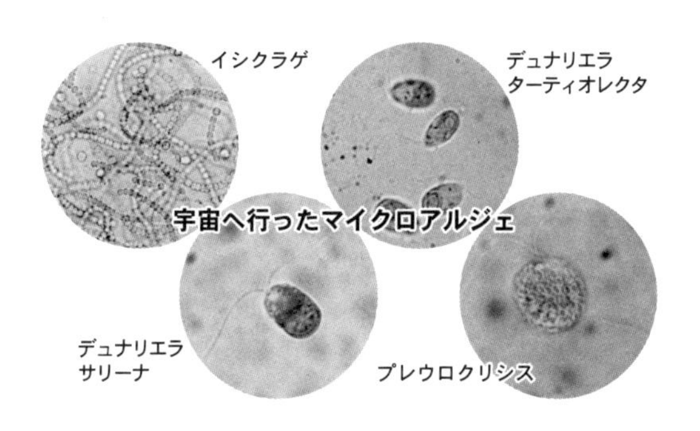

❏ テラフォーミング（惑星地球化計画）

「テラフォーミング」を日本語にすると「地球化計画」となります。地球から一番近い星，月や最も接近したときに二番目に近く動きが似ている火星（自転周期24時間や赤道傾斜角25度）がその対象として考えられています。テラフォーミングとは，惑星そのものを地球と同じような環境にしようという考え方です。

では，惑星をどのように地球と同じ環境状態にするのか？すでにピン！ときた方が多いだろうと思います。

地球が誕生した時は，この地球も火星や金星と同じような，火山ガス（二酸化炭素ガス）の充満した星でした。その地球は，24億年前にマイクロアルジェが誕生して光合成が発明され，それから長い時間をかけて二酸化炭素が減り酸素が放出され，生命あふれる星となりました。

マイクロアルジェには，陸生藻や気生藻といった少しの水分でも生きられるものがいます。こういったマイクロアルジェを惑星にもって行って，そこで繁茂させることにより，地球と同じ歴史を歩ませ,最終的に地球と同じ環境の星にすることです。

地球では，今の環境状態になるのに数十億年という長い年月がかかりました。しかし，テラフォーミングでは，科学技術を駆使して数百年で地球化を成し遂げる研究が進められています。

ところで，太陽系の惑星や衛星が地球の環境と同じになったとしても，重力と土壌は同じになることはないようです。地球のように農作物の育つ土壌にはならないのだそうです。そこで，マイクロアルジェを，農作物を育てる土壌作りに利用しようと研究が行われています。宇宙農業の研究です。例えば，陸生藻のイシクラゲをマット状にして，そこで植物を育てる研究が行われており，イシクラゲの土壌化の可能性が報告されています。

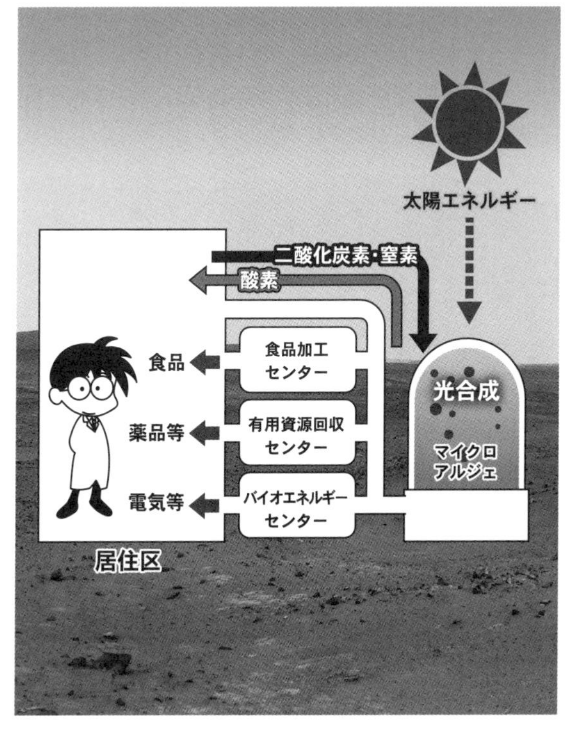

マイクロアルジェと共に宇宙で暮らす

21．エピローグ

植物科学文明の時代を拓く

アルガルネサンス

数日間にすぎない有人宇宙ロケットや数か月～数年滞在する宇宙ステーションでも，また，宇宙開発したスペースコロニーで人間が暮らしていく未来を考えると「閉鎖系」の中でどうやって生活圏を維持していくのか，という問題がでてきます。しかし，実は地球も閉鎖系なので，同じ問題を抱えています。

＊ ＊ ＊

地球が閉鎖系といっても，あまりにも大きいため，20 世紀終盤になるまで，私たち人類はそれに気がつきませんでした。短期間で変化するものではないため，分かりにくいのですが，大地，海洋，大気圏までの閉鎖系の中で，私たち人間，動物，植物，眼に見えない微生物が生きているのです。そして，エネルギーも資源も，なにもかもが秩序正しく循環しているはずなのです。閉鎖系では，エネルギーも資源も秩序正しく循環しなければなりません。一つでも勝手な行いがあると，秩序は乱れ，あらゆるものの循環が滞ってしまい，致命的な状況に陥ってしまいます。

20 世紀は石油科学文明といわれました。化石エネルギーを利用して，これまで地球に存在しなかった物質まで作り出し，文明が大きく発展しました。しかし，その代償として大気汚染，酸性雨，オゾン層の破壊など環境破壊という負の遺産をもたらしました。人間という最も新しい住人が，24 億年守られてきた秩序ある循環を乱しているのです。このままでは，この美しい地球が滅びてしまいます。私たちはもう一度，自分たちがおかれている立場をじっくりと考える時にきているのです。

21 世紀は化石エネルギーをできるだけ使わないようにし，これ以上，地球上に存在しない新しい物質を化学合成しないよう努力をしてゆかなければなりません。化石エネルギーに代わるエネルギーとして，風力発電や太陽光発電，バイオ燃料，水素エネルギーなどの開発が進められています。これにより，二酸化炭素や汚染物質の放出は減少してゆくことでしょう。

使い尽くす石油科学文明から
循環型の植物科学文明へ

一方，私たちが便利だとして使用しているプラスチックをはじめとする石油化学製品に代わるバイオマテリアルの開発も進められています。太陽エネルギーを別の形のエネルギーに変換する光合成をうまく活用すれば，いろいろなバイオマテリアルを作ることができるのです。

21 世紀は，光合成による文明「植物科学文明」を構築してゆかなければなりません。そして，そのためには，マイクロアルジェの力を借りるのが最も良いことだと信じています。

24 億年前までは細菌しかいなかったこの地球を今日の生命あふれる美しい星につくり上げたのは，地球の最も古い住人の一人マイクロアルジェたちです。逆に，その美しさを破壊しているのが新参者の人間です。人間の科学はとても素晴らしいものです。しかし，その科学によって，人間がわがままになってしまったことも事実だと思います。自然科学に関わる研究者たちは，科学が万能でないことを知っています。そして，自然に対して畏敬の念を抱いています。

食物連鎖の基盤に位置するマイクロアルジェを観察していますと「共生」という言葉の意味について考えさせられます。全く別個の生物が自らの生活と生活空間を守りながら，地球に住む生命という大きな流れの中で互いにつながっています。マイクロアルジェに学ぶべきことは多いと思います。

マイクロアルジェの 24 億年という長い営みによって地球はつくられました。21 世紀のこれからは，マイクロアルジェの

この営みを再現させ，病んでいる地球を，自然を，そして人間を健康にしなければなりません。しかも，それは急を要することなのです。そのために，科学という手法を用い，マイクロアルジェのもつ可能性を一つ一つ解明して効率よくマイクロアルジェの力を発揮させなければなりません。

マイクロアルジェの力によって，地球・自然・人間の再生・復興を目指す時です。そこで，「アルガル（藻の）」と「ルネサンス（再生）」を合せ，マイクロアルジェによる再生・復興を「アルガルネサンス」と呼ぶことにします。21世紀には，植物科学文明を構築しなければなりません。そのためにも，アルガルネサンスを是が非でも興したいと考えています。

その研究を続けている所が
沖縄の宮古島にあり
そこに「大宇宙大和楽」の碑が
建った
地球に命が生まれた何億年も前のものと
同じものを造りだそうという
発願を知り
わたしは感動した
ああ今や人間たちが
この聖なる地球を
破壊しようとしている時
海に囲まれた日本よ
マイクロアルジェという藻（も）にこもる
宇宙生命の誕生を知ろう

（詩国第四六一号）

沖縄県宮古島市の宮古培養農場の入り口には，詩人坂村真民先生の「大宇宙大和楽」の詩碑が建っています。また，宮古培養農場に関わる詩「マイクロアルジェ（生命誕生）」を詠んでおられます。

詩

マイクロアルジェ（生命誕生）

坂村真民

この大宇宙には
いろいろの惑星がある
でも生命の存在する惑星は
今のところ
この地球だけである
その地球に
初めて生命をもつものが
誕生した
それはマイクロアルジェという
海藻であり
今もなお生きているので

おわりに

マイクロアルジェの多岐にわたる可能性について述べてきました。地球温暖化，オゾン層の破壊，大気汚染，エネルギー資源，農業・水産資源，宇宙開発など，21世紀のさまざまな問題に対してのマイクロアルジェを利用した対策の現状がお分かりいただけたことと思います。しかし，いずれもまだ研究途上の段階で，それぞれ課題も残されています。今後，私たちの知恵と努力によって，これらの課題を解決しなければなりませんし，必ず克服できるものと信じています。

本書では，生理作用についての記述が多くなりました。これは，現時点において，マイクロアルジェの生理作用の研究が最も進んでいるからです。実際に，マイクロアルジェを応用したサプリメントも市場に出回っています。今後もさらに新しい生理活性物質が見つかるだろうと思います。

マイクロアルジェの研究に携わり，アメリカのグレートソルトレイクでオレンジ色のデュナリエラを採取し，中国のゴビ沙漠の厳しい環境下で生きる髪菜の生育調査をし，またペルーの標高5,000メートルのアンデスでネンジュモのクシュロを調査してきました。また，国内でのフィールドワークでたくさんのマイクロアルジェを採取・単離・保存しました。世界中にはまだ私たちの知らないマイクロアルジェが存在しており，未知の可能性をもっているのだということを痛切に感じました。植物科学文明構築のために，マイクロアルジェの秘めたる可能性を一つ一つ解明し，応用してゆかなければなりません。マイクロアルジェに携わる研究者の一人として，アルガルネサンスを率先遂行してゆかなければならないと意を新たにしました。

本書で紹介したものは，科学専門誌に論文発表された学術的な研究を基にしたものばかりです。審査の先生が研究論文として妥当であるか否かを査読し，合格した研究成果のみが論文として発表されます。信頼のおける情報です。どうか，今後のマイクロアルジェ研究の発展にご期待いただきたいと思います。

本書の原稿執筆に当たり，イラストレーターの小森康正氏には，各項に難しくなりがちな内容を分かりやすく挿し絵にまとめていただきました。またカリフォルニア大学教授のウイリアム・ショップ先生からはマイクロアルジェの貴重な写真を，東京学芸大学名誉教授の岡崎惠視先生からは円石藻の電子顕微鏡写真を，神戸大学准教授の洲崎敏伸先生からはミドリゾウリムシの顕微鏡写真をご提供いただきました。感謝いたします。

最後になりましたが，名古屋大学名誉教授の向畑恭男先生には素稿の査読をお引き受けいただきました。深く感謝申し上げます。

また，本書の発行にあたっては，㈱成山堂書店の小川典子社長にご協力をいただきました。感謝いたします。

2017年7月

マイクロアルジェコーポレーション株式会社
代表取締役社長　竹 中 裕 行

マイクロアルジェ索引

参考図書

NK Sharma (ed.) (2013) *CYANOBACTERIA: an economic perspective*, Wiley Blackwell.
縣秀彦 (2007年)『宇宙の地図帳』, 青春出版社.
飯倉洋治 (1999年)『新・アレルギー読本』, フジメディカル出版.
石川依久子 (2002年)『人も環境も藻類から』, 裳華房.
奥山治美・浜崎智仁・小林哲幸編集, 日本脂質栄養学会監修 (1999)『油脂（あぶら）とアレルギー』(脂質栄養学シリーズ 3), 学会センター関西.
倉橋みどり・小柳津広志編 (2013年)『応用微細藻類学』, 成山堂書店.
栗原康 (1975年)『有限の生態学─安定と共存のシステム』(岩波新書), 岩波書店.
神戸大学水圏光合成生物研究グループ編 (2009年)『水環境の今と未来』, 生物研究社.
ジェイムズ・ウィリアム・ショップ著, 松井孝典監修, 阿部勝巳訳 (1998年)『失われた化石記録─光合成の謎を解く シリーズ「生命の歴史」〈2〉』(講談社現代新書), 講談社.
シーエムシー出版編集部監修 (2016年)『藻類由来バイオ燃料と有用物質』(バイオテクノロジーシリーズ), シーエムシー.
情報機構編集部編 (2013年)『微細藻類の大量生産・事業化に向けた培養技術』, 情報機構.
谷口克 (2000年)『免疫, その驚異のメカニズム─人体と社会の危機管理』(ウェッジ選書─「地球学」シリーズ), ウェッジ.
千原光雄編 (1997年)『藻類多様性の生物学』, 内田老鶴圃.
一島栄治 (1993年)『万葉集にみる食の文化』, 裳華房.
渡邉信編 (2012年)『藻類ハンドブック』, エヌ・ティー・エス.

著者紹介

竹中裕行（たけなか　ひろゆき）

1957年　岐阜県生まれ。
1985年　静岡薬科大学（現 静岡県立大学薬学部）大学院博士課程修了。
1993年　マイクロアルジェコーポレーション（MAC）代表取締役就任。
1995年～現在　日本骨伝導音測協会（J - STAB）副会長。
1996～2016年　日本ビタミン学会賛助会員代表評議員。
1996～1998年　マリンバイオテクノロジー研究会役員。
1999年～現在　マリンバイオテクノロジー学会評議員。
1996年　インターナショナル・マンオブザイヤー1995-1996受賞(イギリスケンブリッジ)。
1996, 1998年　中国の招聘で講演，栄誉証書受賞。
2006～2008年　九州共立大学准教授
2012年～現在　日本海藻協会理事

企業で血栓溶解剤の開発に携わる中，治療よりも予防の大切さを痛感。ライフスタイル，とくに食生活が重要と考え，食物連鎖の基盤であるマイクロアルジェと出会う。
1990年の湾岸戦争終結時に，イスラエルでマイクロアルジェの生理作用と培養技術を研究する。
1991年には元国立がんセンター疫学部長の平山雄先生のカロテン効果研究会発足に関わり，事務局を務める。
現在，「植物科学文明」と「藻食論」の啓発活動を行っている。

薬学博士〈静岡薬科大学（現 静岡県立大学薬学部)〉1985年
医学博士〈アメリカ パシフィックウェスタンユニバーシティ〉1997年

【連絡先】〒500-8148 岐阜市曙町4-15 MAC総合研究所
TEL：058（248）1822／FAX：058（248）1820
e-mail：support@mac-bio.co.jp
http://www.microalgae.jp/mac/

ミドリムシの仲間(なかま)がつくる地球環境(ちきゅうかんきょう)と健康(けんこう)
シアノバクテリア・緑藻(りょくそう)・ユーグレナたちのパワー

定価はカバーに表示してあります。

平成29年8月8日　初版発行
著　者　　竹中　裕行
発行者　　小川　典子
印　刷　　勝美印刷株式会社
製　本　　株式会社難波製本

発行所　　株式会社　成山堂書店
〒160-0012 東京都新宿区南元町4番51号 成山堂ビル
TEL：03-3357-5861　　FAX：03-3357-5867
URL：http://www.seizando.co.jp
落丁・乱丁本はお取り換えいたしますので，小社営業チーム宛にお送りください。

ISBN978-4-425-83081-7